DOCTEUR O'FOLLOWELL

LE CORSET

HISTOIRE — MÉDECINE — HYGIÈNE

Ouvrage illustré de 199 Figures et de 7 Planches hors-texte

ÉTUDE HISTORIQUE

Avec une Préface de M. Paul GINISTY, (O. ✳)

Directeur du Théâtre National de l'Odéon.

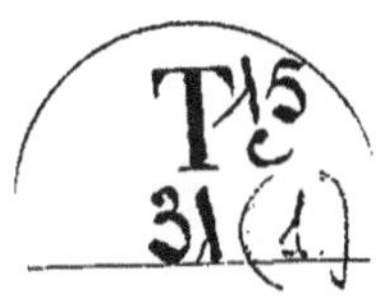

PARIS

A. MALOINE, ÉDITEUR

25-27, Rue de l'École-de-Médecine, 25-27

1908

Docteur O'FOLLOWELL ✿ ô ✴ ✴ ✴

Ancien interne en médecine et en chirurgie
Lauréat de l'Assistance publique
Mention honorable de la Faculté de Médecine de Paris
Secrétaire de la Société française d'Hygiène
Membre de la Société de l'Hygiène de l'Enfance

LE CORSET

Histoire — Médecine — Hygiène

Ouvrage illustré de 199 Figures et de 7 Planches hors-texte

ÉTUDE HISTORIQUE

Avec une Préface de M. Paul GINISTY, O. ✳
Directeur du Théâtre National de l'Odéon.

PARIS

A. MALOINE, ÉDITEUR

25-27, Rue de l'École-de-Médecine, 25-27
1905

DU MÊME AUTEUR

Hygiène et Physiologie du cycliste, in journal « La Bicyclette ». 1894, 1895, 1896, 1897.

L'Anesthésie locale par le Gaïacol, le Carbonate de Gaïacol et par le Gaïacyl, mention honorable de la Faculté de Médecine de Paris. In-8° Ollier-Henry, Paris 1897.

Le Gaïacol. Communication au troisième Congrès dentaire national. In-8°. Majesté, Châteauroux.

Les Aliments d'Épargne : Alcool, kola, maté, etc. In-12. Jouve, Paris.

L'Antisepsie, les plaies, les pansements antiseptiques. In-12. Jouve. Paris.

Le Transport rapide des Blessés avec 11 figures. In-12. Jouve, Paris.

Sur le Traitement de deux cas de Névralgie faciale, tic douloureux de la face, in thèse Gaumerais. In-8°. Jouve. Paris.

Secours médicaux aux Marins pêcheurs (En collaboration avec H. Goudal). Diplôme d'honneur au Congrès de sauvetage. 1889. In-8° Ollier-Henry, Paris.

Hygiène des Magasins et Ateliers (Modes, couture, nouveautés, en collaboration avec H. Goudal. In-8°. Daix, Clermont.

Cours de Massage. In-12. F. Laur, Paris.

Du Pansement immédiat. Communication à la Société Française d'Hygiène, 8 juin 1900.

Bicyclette et Organes génitaux, avec 3 figures. Préface de M. le Dr J. Lucas-Championnière, chirurgien de l'Hôtel-Dieu, membre de l'Académie de Médecine. In-12, Baillière, Paris.

La Loge médicale, in « Paris Théâtre Médical ». Décembre 1900.

Alcoolisme et grands Magasins. Communication à la Société Française d'Hygiène. 14 décembre 1900.

Alimentation et Sport. Br. in-12. P. Dupont, Paris 1900.

Hygiène des Employés de Commerce et d'Administration. En collaboration avec H. Goudal. In-12 1901. A. Munier, Paris.

De l'Emploi de la farine de céréales dans l'Alimentation des enfants, des nourrices, des débilités et des affaiblis en général. Mémoire présenté à l'Académie de Médecine.

L'Administration des Postes et des Télégraphes au point de vue de l'hygiène, in journal d'hygiène, 25 juin, 25 juillet, 25 août. 25 septembre, 25 octobre 1901.

La Selle de bicyclette au point de vue anatomique et physiologique. Communication à la Société médicale des Praticiens 19 juillet 1901.

Du Traitement chez l'homme de l'uréthrite suppurée par les lavages intravésicaux d'eau oxygénée. Communication à la Société médicale des Praticiens, 18 octobre 1901.

La pierre de verre, in Journal d'hygiène, 25 février et 25 mars 1902.

Dyspepsie et constipation chez la femme, in Le Correspondant médical 28 février 1902.

Influence du corset sur le thorax et la fonction respiratoire. Communications à la Société médicale des Praticiens et à la Société Française d'Hygiène, 1903.

Le Placenta chez les animaux in Gazette agricole et vétérinaire, décembre 1902.

Sur les Rapports de la tuberculose bovine avec la tuberculose humaine, in loc. cit.

Alimentation et alcool, in loc. cit.

La Psittacose, id. août 1903.

Les Huîtres et la fièvre typhoïde, id. février 1904.

PRÉFACE

~~~~~~

Mon cher Docteur,

Vous savez ma sympathie pour vous, depuis ce soir de première représentation où je vous ai vu opérer le miracle de quelque chose comme une résurrection. Quels souvenirs ! Pendant qu'on jouait le quatrième acte de la pièce nouvelle, un drame réel se passait dans la coulisse. Dans le cabinet du régisseur, où on avait transporté, frappé du mal subit qui l'avait terrassé, un de ceux qui étaient le plus intéressés au succès de l'ouvrage, des comédiennes, en pimpant costume Louis XV, s'empressaient inutilement, tandis que retentissait la sonnette de l' « avertisseur » qui les appelait en scène.

Inanimé, notre ami gisait sur le tapis, le visage devenu noir, et nous avions vainement puisé, pour le soulager, dans la « boîte de secours ». Un premier diagnostic nous avait navrés, et, en effet, ce n'étaient déjà plus les symptômes de la fin, mais, à ce qu'il nous semblait, la fin elle-même. Dans la salle, qui ne se doutait de rien et qui souriait à un aimable tableau du petit lever d'une belle marquise, le secrétaire du théâtre cherchait les parents de celui qui paraissait succomber, pour leur annoncer, avec quelques ménagements, la terrible nouvelle. Quelle scène poignante de tragique vérité, parmi toutes les illusions que nous faisons vivre !

Vous étiez là, non pas même comme médecin du théâtre, mais en visite dans la loge d'une des plus séduisantes actrices. Vous accourez, vous écartez les « gentilshommes » et les « grandes dames », qui, trahissant leur inquiétude sous leur maquillage, encombrent le couloir. Vous ne voulez pas désespérer, comme tout le monde : un canif, traînant sur un bureau, vous devient une lancette, un morceau de bois vous aide à pratiquer la traction rythmée de la langue ; vous ne vous découragez point, et, en habit noir et en cravate blanche, vous vous retrouvez le vaillant praticien que vous êtes, d'active et ingénieuse décision. Un quart d'heure, une demi-heure se passent ; vous luttez toujours, avec une sorte de belle humeur, même au milieu de ces circonstances graves, inspirant confiance autour de vous, bien qu'on ne puisse espérer encore. Vous vous acharnez à faire triompher la vie : enfin, des signes, d'abord presque imperceptibles, reparaissent d'une existence reconquise ; ce corps, tout à l'heure inerte, s'agite faiblement. Quelques instants plus tard, celui qui revient, grâce à vous, de si loin que j'ai toujours cru qu'il avait même été un peu jusqu'à l' « au-delà », peut échanger avec nous, qui l'avions cru condamné, quelques paroles...
~~~~~~

Vous avez sauvé, depuis, d'autres vies humaines, votre science et votre dévouement ont fait d'autres prodiges. Mais, moi, je n'ai pas oublié cette soirée, faite de saisissants contrastes, où, tandis que le théâtre déployait, avec sa frivolité, toutes ses ressources de séduction, vous travailliez bellement contre la mort.

Et voilà comment un souvenir assez dramatique (encore un contraste, voyez-vous !) me fait aujourd'hui répondre au désir que vous avez bien voulu m'exprimer de vous donner mon avis sur une question qui ne semble point trop grave, au moins à première vue.

Je dis « à première vue », car, après avoir lu les épreuves de votre travail, si documenté et si aimablement savant (ce sont deux mots qui se peuvent très bien rencontrer), où vous faites preuve, avec une grâce légère, d'une solide érudition, embrassant, au fond, toute l'histoire du costume féminin, je me rends compte que le sujet que vous traitez, en historien, en lettré et en médecin, est loin d'être futile.

Il me parait, bien que nous n'ayons pas vos conclusions définitives, en ce premier volume, que vous appartenez à ces esprits heureusement modérés et bien équilibrés qui ne demandent pas l'impossible, qui n'imposent point d'intransigeantes opinions et qui, au contraire, sachant que l'indulgence est la vraie sagesse, cherchent à concilier avec l'hygiène les exigences de la vie moderne.

*
* *

Périodiquement, il se trouve un réformateur pour reprendre la vieille thèse des modifications nécessaires à apporter à l'essence du costume féminin, déclaré contraire à la nature, et funeste. Il y a là un thème dont les développements sont prévus. A l'un des derniers Congrès de gynécologie, ce rôle, masculinisé, d'inutile Cassandre échut à un docteur russe, M. Solovieff, qui ne laissa pas de dire les choses — théoriquement — les plus justes du monde. « Soyez moins esclaves de la mode, mesdames, s'écria-t-il, commandez-lui, et vous ne vous en porterez que mieux ! » Mais la mode est, par définition, un capricieux tyran qui, se plaisant généralement en l'absurdité, ne veut, précisément, qu'être obéie.

En ces occasions, on refait le procès du corset (oh ! le temps, vous rappelez-vous, des discussions sur la suprême correction de la couleur qu'il devait avoir, à la suite de la publication d'un roman de M. Paul Bourget !). On l'accuse de tous les maux, et c'est lui, déclare-t-on, l'artisan de toutes les souffrances féminines. C'est qu'il ne se contente pas de soutenir : il comprime, et, par là, il est manifestement coupable. Alors, on le condamne solennellement, on exprime le vœu de le voir être un moins cruel auxiliaire de la toilette. Souvent, un orateur, s'exaltant, réclame qu'on en revienne au « drapé », à la façon antique. Les Grecs, qui avaient au plus haut point le sentiment artiste, n'avaient-ils pas les plus gracieux spectacles du monde, quand ils contemplaient des théories de femmes, enveloppées dans leurs vêtements flottants, se rendant aux offices de quelque bonne déesse ? Et, sans remonter si loin et pour avoir de probants exemples sous les yeux, voyez seulement, au théâtre, les tragédiennes, quand elles représentent les filles de l'antique Hellas, dont la démarche, sous leurs longs voiles, prend la plus pure harmonie. N'y a-t-il pas là de quoi faire pester contre les robes ajustées ?

Ainsi, les arguments se déroulent, semblant exprimer un avis raisonnable. Mais ces réformateurs me font tout de même un peu sourire, je l'avoue, avec leurs conceptions absolues. Ils parlent comme s'il n'existait, dans le monde, que de très jolies femmes, à qui tout sied également. Hélas ! la perfection des formes est bien peu de ce temps-ci, et où sont-elles, les divines Grecques qui passaient sur l'Agora, dans l'orgueil et la splendeur de leurs corps charmants ? Les créatures d'élection peuvent tout hasarder, et, sous le Directoire, Theresa Cabarus, ex-noble, femme de révolutionnaire et future princesse, fut exquise en ressuscitant les draperies antiques, que, avec la sûre connaissance de ses charmes plastiques, elle transformait, d'ailleurs, en déshabillé galant.

Mais nous, spectateurs de la vie contemporaine, nous sommes bien obligés d'être les défenseurs du corset et du costume actuel. C'est encore celui-là qui peut nous donner le plus d'illusions, en se prêtant le mieux aux ingénieuses dissimulations indispensables. Quel que soit le paradoxe apparent, la meilleure façon d'aimer la femme, c'est encore de lui demander de souffrir un peu, pour que nos yeux continuent à être charmés et pour qu'elle garde tout son prestige. Je parle, naturellement, de la façon la plus générale, en passant de la rue. Et faut-il dire alors : « Gloire au corset, fût-il un engin martyrisant, qui nous épargne de pénibles contemplations, et la vue des ventres ballonnés, des poitrines trop opulentes ou illusoires, et qui nous dupe, bien que nous n'ignorions pas que nous soyons dupés ! Gloire à ces vêtements, tout en fioritures et merveilleusement truqués, qui remédient aux ravages physiques, qui vont fatalement avec l'excès de la civilisation. » La vraie manière du costume d'être esthétique, c'est, il faut bien l'avouer, d'être le plus fécond en artifices.

La femme, au reste, ne se laisse pas prendre aux leçons des hygiénistes, qui ne sont que des hygiénistes, si pressantes que soient leurs recommandations et si bien intentionnées soient-elles. Elle sait que sa force est dans ces sacrifices qu'elle s'impose, avec quelque héroïsme parfois. Il y a eu, de temps en temps, des ligues féministes pour la réforme du costume, plus libre, plus logique. Mais qui en étaient les fondatrices ? Ou de très belles personnes, pouvant se donner le luxe de toutes les fantaisies, ou de vieilles Anglaises, n'ayant absolument plus aucune prétention et bravant le ridicule avec sérénité. Dans l'un et l'autre cas, elles étaient forcément peu suivies.

C'est avec la moyenne qu'il faut compter. La majeure partie des femmes a besoin, aujourd'hui, quoi qu'en disent les Académies et les Congrès, — dont beaucoup de membres ne parlent plus de la femme que spéculativement — de robes conçues avec quelque complication. Ce sont ces complications qui nous font trouver la Parisienne délicieuse dans son frou-frou.

Certaine de la gentillesse de son visage, qui est toujours piquant, comme elle se défend savamment pour la ligne du corps, souvent imparfaite, en défiant les investigations indiscrètes du regard ! Cette ligne sincère, où la retrouver, au milieu de tout cet appareil dont elle se cuirasse ? Comment ne pas lui savoir gré de cet art qu'elle déploie pour aider à la nature, qui a un peu perdu le secret de ses moules impeccables, et pour la rectifier au besoin ! Ces tailles délicieuses, que seraient-elles pourtant, quelquefois, avec le costume rigoureusement « hygiénique », avec le souci strict du libre jeu de la respiration l'emportant sur celui de plaire ? Je me méfie beaucoup, je le confesse, des opinions trop raisonnables, en fait de féminisme ; elles ne tendraient à rien moins qu'à diminuer notre plaisir de dilettantisme dans la contemplation, toute platonique et toute désintéressée qu'elle soit, de ces petits êtres exquisement artificiels.

*
* *

Traversez un peu, « pour voir », une petite ville allemande ou suisse, où vous apercevrez de bonnes grosses dondons, qui ne se serrent point, elles, qui se montrent telles que le ciel les a faites, abondamment pourvues en chairs, et qui, si elles n'ont pas supprimé le corset, l'ont réduit à l'état d'ornement inutile, tant elles s'inquiètent d'être gênées, — et dites si c'est une belle chose que l'aspect de l'hygiène poussée à ce point-là !

Je ne suis point si égoïste que je ne m'afflige à la pensée que le corset peut être quelque chose comme un instrument de supplice ; mais il faut avoir la bonne foi de dire que l'hygiène et l'art de la toilette sont deux choses radicalement différentes et qui s'excluent l'une l'autre. Constatation brutale. On ne peut espérer qu'atténuer la gêne.

Chose grave qu'une modification capitale au costume féminin ! Nous avons assisté, en notre temps ,à une espèce de petite révolution, avec la tenue hardiment adoptée par quelques-unes pour la bicyclette, acceptant la veste et la culotte bouffante, à la zouave. Il est convenu de trouver cette tenue cavalière pleine de crânerie. Mais, sans vouloir manquer de galanterie, la vérité n'est-elle pas que c'est là, pour la femme, une épreuve assez redoutable ? Les minces, les sveltes, les légères, les délicates n'ont pas beaucoup à y perdre. Mais, pour les autres, avec quelle cruauté ce *travesti* accuse l'embonpoint, même encore discret, et la tendance à l'opulence des formes ! Combien de cyclewomen qui étaient parfaitement séduisantes en robe, furent imprudentes de céder à la tentation ! quelle lourdeur se révéla soudain, dont elles ne s'apercevaient point, parce que ces disgrâces se manifestaient surtout à les regarder — de dos ! Malgré des exceptions aimables, il me semble que la femme ne peut que gagner à rester extrêmement femme.

Les hygiénistes intransigeants emploient-ils, pour arriver à la persuasion, de grands mots et ne parlent-ils de rien moins que de l'avenir de la race ? Entre-nous, n'exagèrent-ils pas un peu, car il y a pas mal de temps — votre *Histoire du corset* le prouve, mon cher docteur — que les femmes s'accommodent de ce tourment ? Et puis, l'avenir, c'est bien loin ! N'est-il pas permis, surtout, puisque nous avons les femmes elles-mêmes avec nous, de défendre la grâce et le charme du présent ?

Je m'aperçois que ce n'est pas du tout au médecin, même au médecin indulgent pour les coquetteries féminines, que je parle, et que vous allez peut-être — professionnellement au moins — être choqué de ma férocité d'homme, admettant presque des souffrances chez la femme (souffrances volontiers consenties, du moins) pourvu qu'elle soit plus séduisante. Je crois que j'ai à m'excuser un peu de ma franchise.

Mais votre livre est là. plein de judicieux avis et de ces sages demi-mesures qui conviennent à un esprit philosophique, pour indiquer le remède à des maux dont on ne peut trop radicalement proscrire la cause. C'est votre affaire, et non celle de ce trop long bavardage, qui vous prouve seulement l'intérêt que j'ai pris à la lecture de vos études, à la fois sérieuses et spirituelles — ce qui, entre nous, est bien la meilleure des formules.

Croyez, mon cher Docteur, à mes meilleurs sentiments.

PAUL GINISTY.

INTRODUCTION

Il est de règle qu'une question vivement controversée amène ceux qui la discutent à émettre des opinions aussi extrêmes que contraires et cela d'autant plus facilement que pour faire adopter leurs idées les adversaires ne craignent pas d'en exagérer l'expression.

La question du corset a subi cette loi; elle a depuis longtemps suscité des discussions ardentes, provoqué des opinions passionnées, donné naissance à de vives polémiques et au total n'a jamais été résolue.

Aucun des avis donnés ne saurait en effet prévaloir ; d'abord pour cette raison générale qu'une opinion extrême et passionnée dépassant le but qu'elle veut atteindre, manque de justesse; pour cette raison particulière ensuite qu'en l'espèce qui nous occupe, ces opinions extrêmes et passionnées étant intéressées manquent de justice.

Tandis que les uns, au nom de l'hygiène et de la physiologie, proscrivent le corset ; que les autres, au nom de l'élégance, en vantent l'usage ; d'autres plus pratiques, aux noms réunis de la médecine et de la mode, rejettent l'emploi de tout corset qui n'est pas celui de leur invention.

Est-il donc extraordinaire que se plaçant à des points de vue aussi différents : le médecin n'envisageant que la question scientifique, le corsetier ne voyant que les exigences de la coquetterie, le créateur ou la créatrice d'un modèle ne considérant que son invention n'aient pu parvenir à s'entendre? L'accord entre les parties cantonnées chacune dans ses retranchements n'est possible, nous le verrons, qu'au prix de concessions mutuelles, non de complaisance mais justement autorisées.

Et non seulement ceux qui ont pris jusqu'ici position dans la question du corset l'ont envisagée de façons diverses et contraires, mais encore ils l'ont discutée en partant le plus souvent d'un point de départ faux puisqu'ils ont maintes et maintes fois confondu l'usage avec l'abus.

Plus de corset, s'écrie dans sa thèse inaugurale une jeune doctoresse étrangère, qui se fait une opinion d'après quelques femmes exagérément sanglées dans leur « corps à baleines » ; semblable en cela à ce voyageur, nouvel arrivé dans un pays, et qui, rencontrant sur son chemin une femme rousse écrivait sur son carnet : toutes les femmes de ce pays sont rousses. Opinion fausse qui a pris l'excès de la mode pour la règle de l'élégance.

Pas de ces corsets spéciaux aux allures orthopédiques et qui n'ont que le mérite de la bizarrerie, s'écrient les corsetiers. Et se faisant une opinion d'après quelques modèles étranges conçus par des cerveaux en mal d'invention, ils contestent alors à la médecine le droit de s'occuper du corset. Opinion fausse qui confond les excès d'un inventeur avec les sages préceptes de l'hygiène.

Les théories extrêmes ne sauraient donc ici être des théories justes et ici encore reste vraie cette maxime : *In medio stat virtus* ; c'est dans un juste milieu que réside la vérité.

Quelle sera donc au cours de ce travail l'attitude que je vais prendre ? Vais-je chanter en termes dithyrambiques la gloire et les mérites du corset, ou vais-je, en de virulentes apostrophes, demander sa condamnation ? Rien de tout cela, mon opinion sera, je l'ai fait comprendre, une opinion moyenne. Allier les exigences de la médecine et celles de la mode me paraît chose absolument possible et je l'établirai, suivant mon habitude, plus encore par des observations, par des faits, par des documents, par des preuves scientifiques que par des théories et par des raisonnements.

Dès maintenant je puis dire que l'usage du corset est utile et je m'empresse d'ajouter que l'abus en est très dangereux. Une comparaison me fera bien comprendre.

Dans un de mes livres *Bicyclette et organes génitaux*, j'ai montré par l'exposé de cas nombreux quelles maladies la bicyclette pratiquée par la femme pouvait guérir, quelles maladies elle pouvait provoquer.

Je rapporte notamment l'exemple d'une jeune femme atteinte de dysmenorrhée nerveuse et qui souffrait d'une façon atroce non seulement pendant ses époques, mais encore pendant les jours qui les précédaient ou les suivaient immédiatement. Cette femme fut guérie par l'usage rationnel de la bicyclette que je lui prescrivis à des doses progressives et nettement indiquées. Après plusieurs mois de bonne santé, la jeune femme revint me consulter se plaignant de violentes douleurs abdominales. La cause était simple : quelques jours auparavant, la malade avait fait à bicyclette une promenade d'une durée tout à fait exagérée, dépassant de beaucoup les limites que je lui avais fixées. Cette crise douloureuse calmée par un traitement convenable, je permis et prescrivis même à nouveau les promenades à bicyclette ; depuis, l'usage modéré de celle-ci n'a provoqué aucun accident.

Vous le voyez, là ou l'usage avait apporté la santé, l'abus reproduisait la maladie. Il en est de même du corset. Et je répète que si l'emploi en est utile, l'abus peut produire dans l'organisme féminin de graves désordres.

Pour démontrer ces deux affirmations, j'étudierai ce qu'a été le corset, ce qu'il est, ce qu'il doit être.

Je ferai donc dans la première partie de cet ouvrage l'historique du corset ; dans la deuxième partie, j'examinerai, après avoir soigneusement discuté ce qu'il y a de vrai ou de faux dans les méfaits reprochés au corset, quelles sont, au point de vue de l'hygiène et de la médecine, les règles à suivre pour fabriquer un corset qui, tout en restant élégant, ne soit pas dangereux pour l'organisme féminin.

Le Corset dans l'Histoire

Les Six Époques du Corset. — Universalité de la Mode du Corset. — Le Corset orthopédique. — Les Corporations du Corset.

CHAPITRE PREMIER

Dans ses *Études historiques et médicales sur l'usage du corset*, ouvrage paru en 1853, le docteur Bouvier, résumant les différentes phases parcourues par l'habillement des femmes depuis l'antiquité jusqu'à nos jours, divise en cinq

Fig. 1 Figure de Déesse   Fig. 2 Buste d'Horus   Fig. 3 Buste de Moui

époques les transformations subies par les corsets ou par les vêtements qui en ont tenu lieu.

« La première époque est celle de l'antiquité, celle des bandes ou fasciæ des dames grecques et romaines.

« La deuxième comprend les premiers siècles de la monarchie française, une grande partie du moyen âge, pendant laquelle le costume des femmes ne présente rien de fixe qui soit comparable aux corsets ; période de transi-

Fig. 4. — Cléopâtre en parure divine.

tion qui participe de la précédente et de la suivante, par l'abandon, d'abord incomplet, des bandelettes romaines et par l'usage plus tard commençant des corsages justes au corps.

« La troisième époque, qui embrasse la fin du moyen âge et le commencement de la Renaissance, est marquée par l'adoption générale des robes à corsage serré tenant lieu de corsets.

« La quatrième, est celle des corps à baleines ; elle s'étend du milieu du xvie siècle à la fin du xviiie.

« Enfin la cinquième époque est celle des corsets modernes. »

Fig. 5. — Divinité égyptienne.

Ainsi présentée, cette histoire chronologique du corset, si elle est exacte, n'est plus actuellement complète. Il y a lieu en effet à mon avis, d'ajouter aux cinq premières périodes précitées une sixième époque, que j'appellerai la période médicale, et qui, arbitrairement fixée, s'étendrait pendant ces vingt dernières années, de 1880 environ jusqu'à nos jours. Dans la bibliographie très étendue que j'ai établie sur la question du corset, on voit nettement combien, dans ces derniers temps, le souci des grandes lois de l'hygiène a eu de part à la fabrication de cette partie du vêtement féminin qui nous intéresse.

De tous côtés, les médecins, multipliant les articles et même les livres, ont examiné avec soin le corset, et celui-ci a eu à diverses reprises l'honneur d'être choisi à la faculté de mé-

Fig. 6. — Ammon-Ra

decine, tant à Paris qu'en province, comme sujet de thèse inaugurale. L'influence de ces travaux s'est fait sentir dans les milieux spéciaux, et un grand nombre de fabricants et d'inventeurs ne se réclament plus, à tort ou à raison, pour prôner leurs modèles, de ce que la forme en est élégante, mais de ce que la coupe leur paraît satisfaire à tous les *desiderata* de l'anatomie et de la physiologie.

Cette évolution est curieuse, elle mérite qu'on s'y arrête et c'est avec raison, je crois, que je la veux fixer en une sixième époque, époque spéciale — la période médicale — résultante progressive et réelle des différentes périodes que je vais passer en revue.

Il n'est point, dit Racinet, dans son magnifique ouvrage, *Le Costume historique*, de renseignements authen-

Fig. 7. — Cneph ou Chnouphis.

tiques sur le costume et la parure, qui remontent aussi loin dans le passé, que ceux fournis par les sculptures et les peintures de la vieille Egypte, où la dogmatique de l'image était réglée par la loi, tout au moins par l'usage, de manière à ne laisser aucun arbitraire à l'artiste. L'uniformité constante des reproductions, dans lesquelles tous les détails sont immuables, est une affirmation de la haute antiquité des choses représentées en même temps que l'on s'est aperçu, en observant les dieux de forme humaine pure de l'olympe égyptien, que leur image se présentait non seu-

lement comme celle de l'homme qui a conçu ces divinités
mais aussi comme le portrait typique des hommes qui les
ont successivement adorées.

C'est en examinant ces images laissées sur leurs monuments que l'on retrouve chez les Egyptiens un vêtement
tout analogue au corset.

Dans le Temple d'Athor Evergète II, apparaît, en parure
divine, une des six Cléopâtre qui furent reines dans la famille royale des Lagides, depuis l'épouse de Ptolémée V

Fig. 8. — Le Pectoral ou Rational.

jusqu'à Cléopâtre VI, la dernière et la plus célèbre, l'amie
de César et d'Antoine.

Elle porte un vêtement formé d'une jupe fixée à la taille
par une ceinture soutenue elle-même par une paire de bretelles passant sur le buste nu.

Cette ceinture est placée au-dessous du sein qu'elle relève
et cette particularité se trouve dans nombre d'autres figures
de déesses ou de reines.

Ammon-Ra et Cneph ou Chnouphis — dieux égyptiens —
dont les images furent gravées sur les murs du grand Temple de Philœ, ont l'un « le buste serré dans un corselet formant comme une cuirasse imbriquée », tandis que l'autre
« est vêtu du corselet serré, soutenu par deux bretelles».

Les Hébreux, qui habitèrent la terre d'Egypte, en rapportèrent des impressions profondes dont on retrouve la trace dans certaines de leurs lois et de leurs coutumes.

C'est ainsi que l'éphod des Hébreux a son prototype en Egypte. « Selon la Vulgate, l'éphod était fait d'une riche étoffe de lin, brochée de lamelles d'or, elle était composée de fils d'hyacinthe, de pourpre, d'écarlate. Deux pièces séparées qui semblent s'attacher à ce vêtement passaient sur les épaules où elles étaient jointes ».

L'éphod était un corselet, serré par une ceinture et maintenu par deux bandelettes ou épaulettes. Ce corselet qui

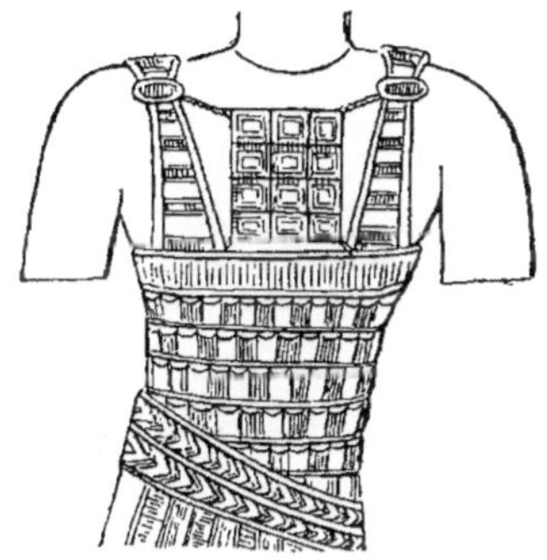

Fig. 9. — L'Ephod

laissait la poitrine à découvert ainsi que le constatent les *Antiquités Judaïques* avait besoin des bretelles qui le soutenaient ; il ne remontait pas au-dessus des aisselles, ne descendait pas au-dessous de la ceinture ; enfin la ceinture serrée autour des reins par-dessus l'éphod était de même étoffe et de même couleur que celui-ci.

Les bords des deux pièces de l'éphod se joignaient par des cordons.

Bien que faisant partie du costume des grands prêtres, « l'éphod rappelle les fameux corselets que le roi Amosis envoya à quelques sanctuaires de la Grèce. Hérodote parle de l'admirable corselet de lin offert par Pharaon à la Minerve de Linde, dans l'île de Rhodes et le corselet semblable qu'il avait envoyé à Lacédèmone y était conservé comme un des plus rares trésors de la cité.

C'est à l'éphod que devait être fixé le pectoral ou rational, sorte de plaque carrée ornée de pierreries. J'en donne une figure sans plus m'étendre pour ne pas sortir de mon sujet et j'aborde l'étude des premiers vestiges du corset chez les Grecs et chez les Romains.

Sa taille est ravissante
Et l'on peut déjà voir
Une gorge naissante
Repousser le mouchoir.

CHAPITRE II

Dans son livre sur *Le corset à travers les âges*, M. Léoty
dit excellemment : Les Grecs et les Romains, ces amateurs
du beau par excellence, étaient de grands admirateurs de la
perfection corporelle, aussi les femmes grecques et romaines reconnaissaient-elles la nécessité d'employer des bandelettes et des ceintures, pour soutenir la poitrine et maintenir la taille.

Une statuette trouvée dans les fouilles de Troie, montre
une femme en cheveux dont le vêtement composé d'un
corsage ajusté et d'une jupe à volants plissés, est beaucoup plus voisin du costume moderne que de celui des
Athéniennes du temps de Périclès.

C'est pourtant ainsi que les femmes s'habillaient en
Grèce, vers le xvii° siècle avant Jésus-Christ.

Fig. 10. — Ceinture soutenant les seins

Déjà le chitonisque, corsage ajusté, se portait tantôt sur
le chiton, sorte de camisole sans manches, tantôt et plus
souvent sous ce vêtement. Un bas-relief tout récemment
découvert en Crète dans le palais du Roi Minos confirme
ce détail de costume (*Revue de Paris*, 15 mars 1902).

S'il faut en croire un passage des *Cosmétiques d'Ovide*, les femmes d'alors étudiaient déjà les moyens de réparer des ans l'irréparable outrage en usant de fards nombreux et variés, et elles connaissaient aussi l'art de corriger les imperfections de la nature ou de suppléer aux oublis de celle-ci, en employant « des enveloppes ingénieuses qui arrondissent la poitrine et lui prêtent ce qui lui manque ».

Elles n'ignoraient pas non plus la mode de se sangler la taille outre mesure ; et je n'en veux pour preuve que la comédie de Térence *Eunuchus* dans laquelle le poète, par la bouche de Cherea, un des personnages de la pièce, se moque des moyens mis en œuvre pour faire des jeunes fil-

Fig. 11. — Capitium d'après un marbre antique.

les vigoureuses des poupées dont s'engouait déjà le snobisme de cette époque reculée : ce n'est pas, s'écrie-t-il, une jeune fille comme les nôtres, que leurs mères obligent à se rabattre les épaules, à se sangler la poitrine pour avoir une taille mince. Si quelqu'une est un peu plus solidement taillée, on dit qu'elle tourne à l'athlète, on lui rogne les vivres et elles ont beau être nées avec une bonne constitution, on ne fait pas moins d'elles, grâce à ce régime, de véritables roseaux. Aussi comme on les aime.

Je laisse de côté avec intention certains passages d'Homère tel que celui où décrivant la toilette que portait Junon lorsqu'elle voulut séduire Jupiter, il dépeint les deux ceintures qui « dessinaient amoureusement la taille de la déesse », certaines citations de Martial (*Epigrammes* XIII, livre VI), *Epigrammes* CCVI, livre XIV) où il est question de *ces-*

tus nodus, de *cingulum*, de *cingillium*, vêtements qui ne sont à proprement parler que des ceintures.

Je sais que M. Léoty, dans le travail que je citais plus haut, les considère comme les premiers rudiments du corset ; plusieurs auteurs ont depuis formulé le même avis, pour cette raison bien simple, qu'ils ont maintes fois copié cet ouvrage en le démarquant, mais le plus grand nombre y a toutefois négligé cette phrase qui exprime bien mon opinion : « Les corsets proprement dits étaient complètement inconnus des anciens ».

C'est pourquoi je retiendrai seulement, comme pouvant figurer à l'origine de l'histoire du corset, les vêtements appelés par les anciens : *capitium, fascia, zona, strophium.*

Fig. 12. — Sthéthodesme ou Fascia d'après une statue antique.

« Le capitium était un vêtement porté sur la partie supérieure du corps qu'il recouvrait ; ce mot ne désigne pas un capuchon comme quelques auteurs l'ont prétendu. Varron est très explicite à ce sujet quand parlant du capitium il dit : ainsi nommé parce qu'il enveloppe la poitrine.

La fascia pectoralis d'après Martial, (*Epigrammes* CXXXIV, livre XIV) constituait chez les Romains, une ceinture attachée autour de la poitrine des jeunes filles pour arrêter par la pression, le développement de la gorge, ou enroulée autour du buste des femmes fortes pour soutenir leurs seins.

Dans le *Dialogue des amours*, Lucien parlant des tuniques trop transparentes de ses contemporaines ajoute : « Sous ce vêtement, tout se voit mieux que le visage, excepté les seins qui tomberaient en avant d'une manière difforme s'ils n'étaient constamment retenus prisonniers ».

Ovide parle du fascia dans son *Art d'Aimer* (Cap. III).
Inflatum circa fascia pectus erat.

Et ailleurs :

>   Omne papillœ
> Pectus habent tumidœ ; fascia nulla tegat.

La fascia, appelée aussi parfois fasciola était formée par
une bande assez longue, puisque c'est avec elle que s'étran-
gla, raconte Tacite au Livre XV de ses *Annales*, la courtisane Epicharis, accusée d'avoir conspiré contre Néron.

La fascia, seulement employée d'après Térence, par les
personnes fortes, ou imposée par des mères soucieuses de
la beauté de leur fille, venait quelquefois s'appuyer sur les
épaules.

« Nous retrouvons un souvenir de cet appareil, peut-être
l'appareil lui-même dans la manière dont les arlésiennes
soutiennent encore leur poitrine.Chez ces femmes le corset
est remplacé par un système de mouchoirs qui, s'appuyant
sur les épaules, passent ensuite sous la poitrine en la soutenant et s'attachent derrière le dos. On peut d'autant mieux
conjecturer que ce système est une modification de la fascia
que le mot fazzoletto (mouchoir) paraît tirer son origine de
l'expression latine en question. »

Fig. 13. — Fasciœ mamillares des femmes Romaines.

Le corset annamite est aussi une sorte de fascia pectoralis.
Voici comment dans son rapport sur la campagne de l'avi-
so *Le Chasseur* (1888-1890) le décrit mon confrère et ami le
docteur Baret. Les femmes annamites emploient pour sou-

tenir leurs seins une pièce d'étoffe fine et résistante, (en petite soie de préférence) disposée de la façon suivante : Imaginez un foulard carré de 0 m.35 cent. de côté environ, l'une des extrémités diagonales, la supérieure, est fendue sur une longueur de 0 m. 15 et renforcée par des coutures appropriées. De part et d'autre de cette fente, sont cousus des rubans larges de 0 m. 04 destinés à être passés derrière la nuque. Aux deux extrémités du diamètre transversal, mais immédiatement au-dessous des angles et sur les bords, sont fixés de longs rubans un peu plus larges (0 m. 06) destinés à être conduits derrière la taille, croisés et ramenés par devant pour être noués sur l'épigastre, par

Fig. 14. — Vénus aphrodite orientale portant l'Anamaskalister (trouvée près de Smyrne dans la nécropole de Myrina..

dessus la pointe inférieure du cache-seins, qu'ils maintiennent ainsi fixée. Ce bandage très simple est très efficace, car il permet aux femmes annamites, même à celles ayant nourri des enfants, de se livrer à tous les durs travaux manuels, et bien des européennes l'ont adopté en Indo-Chine.

Je passe sous silence l'apodesme (Antiphane), le sthéthodesme, le mastodeton, l'anamaskalister (Pollux *in Onomasticon*) vêtements grecs ; le mamilare Martial, *Epigrammes* LXVI, livre XIV), vêtement latin, sortes de ceintures qui ne différaient de la fascia que par le nom.

Le tœnia était aussi une sorte de fascia, il en est fait mention au deuxième siècle dans Apulée. Elle se déshabille entièrement, même elle enlève les bandes (tœniœ), qui emprisonnaient une gorge charmante (in l'*Ane d'Or*).

« Le strophium ou la mithra, est d'origine grecque : néanmoins on trouve ce mot employé assez fréquemment par les auteurs latins. C'était une sorte de fichu que l'on enroulait et que l'on attachait autour du corps pour soutenir la poitrine. Catulle dans son admirable description du désespoir d'Ariane abandonnée par Thésée dans l'île de Naxos (*Poésies* LXIV), peignant le désordre de ses vêtements qu'elle laisse tomber à ses pieds, dit :

> Non flavo retinens subtilem vertice mitram
> Non contecta levi velatum pectus amictu
> Non tereti strophio lactantes vincta papillas

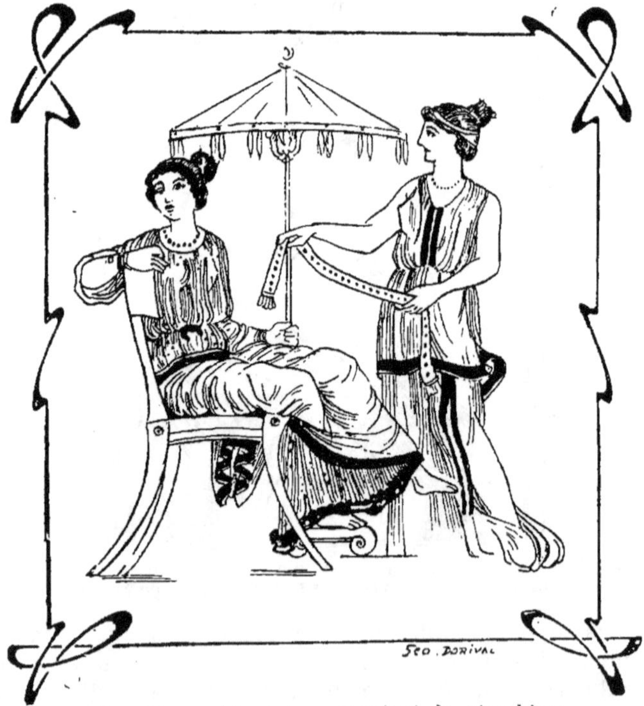

Fig. 15. — Servante présentant le strophium
(peinture d'un vase grec).

Plus de réseau qui captive les tresses de ses blonds cheveux, plus de voile qui couvre son sein ; plus d'écharpe (strophium) qui retienne sa gorge haletante... Elle s'est dépouillée de tous les ornements, ils sont tombés à ses pieds et les flots de la mer se jouent de ces vaines parures.

Le strophium se plaçait par-dessus la tunique intérieure comme on le voit dans les fragments de Turpilius :

Me miseram ! Quid agam ! Inter vias epistola cecidit mihi,
Infelix, inter tunicam ac strophium quam collocaveram.

Ce strophium semble avoir été en cuir :

Taurino poteras pectus constringere tergo.
Nam pellis mammas non capit ista tuas. (Martial).

« Le strophium, n'était pas toujours un vêtement simple, il était aussi un objet de luxe. Isidor le décrit comme étant parfois orné de broderies d'or, garni de pierreries et de perles. »

Fig. 16. — Zona d'après un marbre trouvé à Herculanum.

Dans cette œuvre d'érudit, l'*Agonie*, que Jean Lorrain compare à une fresque grandiose, désordonnée, furieusement polychrome, où comme dans les icônes byzantines, les figures et les foules évoquées se bossuent et s'éclairent çà et là de cabochons et d'émaux translucides, qui sont les termes techniques pris au glossaire de l'antiquité, le regretté Jean Lombard a écrit : Dans la chambre qui avait vu les Brindusiniens écouter Mammœa et Mœsa, Sœmias était entrée. Aveulie, la stola lâche, les seins ballotant dans la subucula brodée d'or, à peine retenue par le strophium aux agrafes de chrysoprase, les sandales de feutre blanc défaites sur la jambe entourée de périscelides, elle s'assit sur son lit...

Et ailleurs : il se dégagea la laissant sur son dos, la tête pendante, la poitrine maigre rompant le strophium, le large ruban qui retenait les seins.

« Pour soutenir dans sa beauté la croissance naturelle de la taille et pour l'empêcher de tomber, dit Neiss dans son livre des *Costumes*, les anciens faisaient usage d'une bande plus ou moins large, le strophium, elle servait d'une part à maintenir la poitrine dans sa position juvénile, et d'autre part elle remplissait les conditions d'un véritable bandage de corps, cette bande donna plus tard l'idée de l'établissement de véritables rembourrages. »

Fig. 17. — Amazone blessée

Les bandelettes pour les seins s'appliquaient directement sur la peau, tandis que le strophium, le cingulum, le capitium aux couleurs voyantes se portaient par dessus la tunique intérieure ou chemisette.

Avant de placer ce lien, la dame grecque, selon Nomachius, se servait du pinceau pour donner du lustre au sein, en nuançant sa blancheur avec le pourpre de l'hyacinthe, avec le beau vert ou jaspe de l'Inde. On parait le sein de l'accouchée à l'aide de bandelettes travaillées dans les temples et qui à cause de leur origine avaient des vertus surnaturelles.

Ces bandes étaient quelquefois en étoffe de couleur. Elles concouraient souvent à amincir la taille et un torse antique du musée de Cannes donne à penser que les femmes du littoral, se contentaient pour cet usage d'une simple corde enroulée autour du torse (Dr Witkowski).

Quant au zona ; c'était un bandeau ou une ceinture large et plate, employée principalement par les jeunes filles qui le plaçaient le plus souvent autour des hanches. C'était cette ceinture que le jeune romain détachait de la taille de sa jeune femme, au moment des épousailles, d'où l'expression latine : *zonam solvere*, qui signifie se marier.

Homère, Martial, Ovide, Catulle ont parlé de cette ceinture virginale bien distincte des vêtements précédents par la situation qu'elle occupait sur le corps.

Les premiers soutenaient les seins, le zona au contraire soutenait le ventre. La combinaison, la synthèse de ces deux sortes de ceintures pectorale et abdominale constitue le corset. Je montrerai plus tard, comment de nos jours, certains fabricants ont à nouveau séparé le soutien de la gorge du soutien de l'abdomen, divisant le corset moderne en deux appareils distincts et revenant ainsi aux types primordiaux des Grecs et des Romains : la fascia et le zona.

J'ajoute comme document et pour terminer l'histoire de cette première époque, l'époque de l'antiquité, la reproduction d'un groupe recueilli par Tischbein et Passeri dans les peintures de vases anciens.

On y voit tomber blessée une de ces amazones, dont la race fabuleuse vint, dit-on, du Caucase s'établir en Asie Mineure

Cette femme guerrière porte une ceinture soutenue par deux bandelettes ou épaulettes entrecroisées, et qu'il est curieux de rapprocher de l'anamaskalister de la Vénus aphrodite dont j'ai parlé plus haut.

Je crois avoir maintenant suffisamment établi l'origine très ancienne du corset, et je passe à l'histoire de la deuxième époque.

CHAPITRE III

Après avoir décrit les bandes et les ceintures antiques, je vais étudier en détail les modifications subies, après la chute de l'empire romain, par l'habillement des femmes.

Lors de la période de la décadence de Rome, on comprenait sous le nom de Gaule — Gaule transalpine — le vaste territoire borné par l'Océan Atlantique, la mer de Germanie, le Rhin dans tout son cours, les Alpes occidentales, la Méditerranée et les Pyrénées; c'est-à-dire notre France actuelle, plus la Belgique, une partie de la Hollande et de l'Allemagne, l'Alsace-Lorraine et la Suisse presque entière.

Pour la première fois en 154 les Romains, appelés par les Massaliotes contre les peuplades voisines de leur ville, pénétrèrent dans la Gaule transalpine, s'emparèrent rapidement de la partie sud-est à laquelle ils donnèrent le nom de Province, fondèrent en 122 la plus ancienne colonie romaine dans la Gaule : la ville d'Aquæ Sextiæ (Aix) et plus tard encore en 118 celle de Narbo-Martius, actuellement la ville de Narbonne.

Les Gaulois s'aperçurent vite que, dans leur protecteur, ils avaient un maître qui bientôt conquit tout le pays et fit mourir par la main du bourreau leur dernier défenseur Vercingétorix.

Sous l'influence de l'administration impériale, la Gaule devint promptement romaine de mœurs et de langage.

« Les chroniqueurs, qui ont traité du costume dans les Gaules ne sont pas nombreux et leurs conclusions reposent sur des données bien peu précises, car les quelques manuscrits qui sont parvenus jusqu'à nous, ne s'occupent pas des accessoires du costume féminin. Malgré le manque de documents exacts, les historiens sont unanimes à reconnaître que les Gallo-Romains suivaient les modes de Rome et portaient sous la stola ou tunique, le strophium ou le capitium. »

« Au milieu des calamités qui, du troisième au cinquième siècle, replongèrent l'Europe dans la barbarie en faisant disparaître l'empire d'Occident envahi par les hordes innombrables des peuples du Nord, la coquetterie ne perdit pas tout à fait ses droits. Les femmes des rois Franks sont à la vérité représentées pour la plupart au portail de nos églises, dans les caveaux de Saint-Denis, avec des robes d'une coupe fort simple, semblables aux blouses ou peignoirs de nos dames, ou si l'on aime mieux aux longues tuniques des femmes romaines et fixées uniquement par une ceinture étroite, sans que rien indique d'autres pièces de vêtement destinées à marquer ou à contenir les formes, souvent cachées en outre, par une guimpe pareille à celle de nos religieuses.

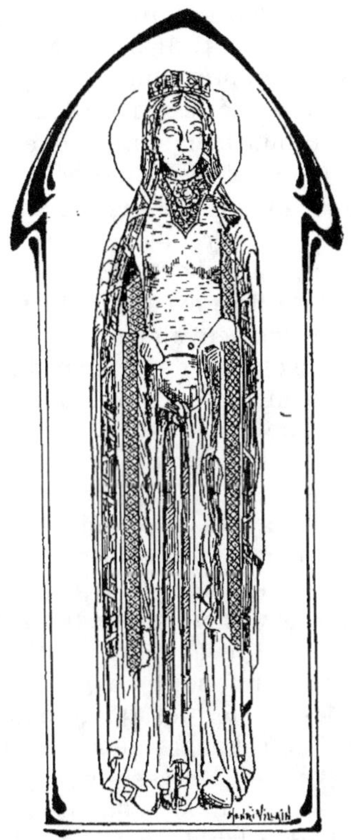

Fig. 18. — Clotilde, femme de Clovis I"

Mais quelques rares monuments, certains documents historiques font retrouver, même à cette époque les traces d'une mise plus élégante, de ces robes justes au corps, dessinant la taille depuis le cou jusqu'aux hanches, qui, suivant Herbé, peuvent être nommées à juste titre les robes françaises, comme ayant appartenu dès l'origine à la nation Franque.

Toutefois, les femmes de ce temps ne connaissaient pas les corsets et l'on n'est point fondé sous ce rapport à regarder ceux-ci comme une invention gothique, ainsi que l'ont fait quelques auteurs. »

Sous la dynastie des Mérovingiens qui s'étend de Méro-
vée, son fondateur, vers l'an 450, ainsi que sous la dynastie des Carlovingiens qui lui succéda élevant au trône en
752 Pépin le Bref, les femmes continuèrent l'emploi des
ceintures romaines.

Il suffit d'étudier les sceaux des ve,vi^e, viie et viiie siècles
pour voir que pendant toute cette période l'habillement se
composait d'une longue tunique serrée par une ceinture
placée au-dessous de la poitrine et que la coquetterie à
cette époque était à peu près nulle.

Une longue suite de siècles en effet était nécessaire pour
qu'une civilisation nouvelle polît les mœurs des États bar-
bares élevés sur les débris de l'Empire romain.

Le costume des femmes conserva longtemps une grande
simplicité dans la classe roturière opprimée et misérable.

Ce n'est guère qu'après le xe siècle, que les riches bourgeois rivalisèrent de luxe avec la noblesse. Les premiers
Capétiens, dont l'avènement au trône eut lieu en 987, virent
commencer une révolution dans le costume, mais d'après
les recherches de Quicherat, ce n'est que sous le règne de
Louis VI le Gros et de Louis VII le Jeune, au xiie siècle par
conséquent, que l'on vit apparaître les robes moulant le
haut du corps et le corsage séparé de la jupe.

Les statues des portails de Saint-Germain-des-Prés, de
l'abbaye de Saint-Denis, des cathédrales de Paris et de
Chartres, des églises de Sainte-Marie de Nesle, de Sainte-
Bénigne de Dijon, etc., dont plusieurs sont aujourd'hui à
Saint-Denis et au musée de Cluny, ont été, dit Racinet,
l'objet d'examens approfondis. La preuve est acquise au-
aujourd'hui que les artistes des xie,xiie et xiiie siècles,ayant
à représenter des personnages appartenant aux ve et vi^e siècles, leur ont fait porter les costumes qu'ils avaient sous
les yeux. Cela s'est fait ainsi pendant tout le moyen âge.
Clovis et Childebert, Clotilde et Ultrogothe leurs épouses
n'ont jamais porté qu'en sculpture des costumes qui ne
furent répandus en Europe qu'à la suite des premières croi-
sades.

C'est ainsi que les statues — reproduites ici d'après cet auteur — de Clotilde, femme de Clovis Ier et de Haregonde,
femme de Clotaire Ier et qui se trouvent, la première, au portail de Notre-Dame-de-Corbeil, et la seconde au portail de
Notre-Dame de Paris sont les types les plus complets du
costume féminin au xiie siècle.

Il se compose d'un corsage ajusté au plus près, prenant le
ventre, n'ayant qu'une ouverture de dimension restreinte
au haut de la poitrine et lacé dans le dos.

Le corsage, le justaucorps, était d'une sorte de tricot de

soie crépelé, si élastique, si souple, que la tension sur les seins faisaient disparaître la gaufrure de l'étoffe. Les femmes, dit Dulaure. s'appliquaient à montrer qu'elles étaient en « bon poinct ».

Dans son ouvrage des *Costumes Français*, Herbé dit que sous Charlemagne la robe des femmes était si collante que non seulement les côtes, les seins se dessinaient à travers ce vêtement, mais encore l'ombilic.

Fig. 19. — Haregonde, femme de Clotaire I".

Dans le *Lai de Lanval*, poésie de Marie de France (XIIIe siècle), on trouve confirmation de ces détails de toilette :

> Unques n'eut veues si beles
> Vestues, furent richement,
> Et laciées estreitement
> De deux bliauts (robes) de purpre bis.

Ainsi que dans le *Lai de Gugemer*, du même auteur :

> Il la retint entre ses bras,
> De son bliaut tronça les laz,
> Sa ceinture voicil ovrir.

Les variantes des costumes féminins ne semblent pas avoir été considérables pendant le XIIe siècle. En avançant on exagéra d'abord les modes byzantines, les manches traînèrent à terre et le corsage ajusté, moins prolongé fut encore rendu plus étroit.

« L'habillement des princesses et des dames nobles suivit le caprice de la mode, les mœurs et les vicissitudes des temps : riche et coquet à la cour brillante de Charlemagne; simple et plus couvert dans l'entourage du dévot Louis le

Fig. 20. — Cotte hardie.

Débonnaire ; bientôt après de nouveau plus découvert et juste au corps, il fut plus élégant encore sous Philippe-Auguste et même sous Louis IX ou plutôt sous la régence de la belle Blanche de Castille sa mère, malgré la modestie affectée avec laquelle hommes et femmes s'enveloppèrent alors de la tête aux pieds par dessus les premiers vêtements. »

A cette dernière époque, c'étaient surtout les robes elles-mêmes, presque toujours au nombre de deux superposées, qui remplissaient l'office des corsets modernes par la manière dont elles s'adaptaient exactement à la taille et dont elles en dessinaient les moindres contours ; on appelait cotte hardie ces robes traînantes et sans ceinture au corsage extrêmement collant.

Déjà, s'il faut en croire Herbé, sous le règne si pudique de Louis IX, on les cousait pour ainsi dire sur le corps, tant elles étaient ajustées avec art ; on y retrouve souvent soit par devant, soit en arrière, le lacet qui serre les corsets.

Fig. 21. — Robe du xiv⁰ siècle.

L'auteur de la vie de sainte Thaïs qui vivait au xii⁰ siècle, nous apprend que les françaises étaient « si étroitement lacées qu'elles ne pouvaient plier ni leur corps, ni leurs bras. »

Les robes sont si étroites par le faux du corps, écrit Pierre des Gros, que à peine peuvent les dames dedans respirer et souventes fois grand douleur y souffrent, pour faire le corps menu.

« Cette pièce ajustée sur le buste comme une cuirasse,

38

se nommait gipe ou gipon, première forme du mot jupe.
Ainsi à l'origine, et longtemps après, le gipon ou jupon
était un vêtement qui ne se portait que sur la partie supérieure du corps. »

« C'est surtout du XIII° au XV° siècle que les dernières
traces du costume romain disparaissent peu à peu, on
voit les femmes adopter presque généralement les robes à
corsage serré, laissant ordinairement à découvert le cou
et le haut de la poitrine, *scopato gutture et collo*, comme disait, en 1340, le frère Galvani de la Flamma. »

Les deux costumes de femme que j'ai fait reproduire ici
d'après un manuscrit italien du XIV° siècle, *Roman de Saint
Graal*, montrent ce qu'étaient à cette époque les robes à
corsage collant. D'une part l'absence de fermeture en avant
du vêtement, d'autre part la façon très ajustée de la partie
de la robe qui couvre la région supérieure du tronc, nécessitait en arrière, la présence d'un lacet pour fermer et serrer
le corsage.

Fig. 22. — (1386) Comtesse d'Auvergne

La pièce la plus caractéristique de l'habillement des
femmes sous les rois Jean-le-Bon (1350-1364) et Charles V
(1364-1380) fût le vêtement appelé corset fendu sur les côtés.

C'est la première fois que nous voyons ce mot corset apparaître et ce terme n'a aucun rapport avec le corset tel
que nous le comprenons.

C'était, dit Demay dans son livre sur *Le Costume au Moyen âge*, un manteau que l'on portait sur le surcot échancré et qui était formé de deux pièces ; l'une sur le devant très petite descendait un peu plus bas que la poitrine, l'autre plus longue tombait par derrière. Les deux pièces se réunissent sur chaque épaule laissant le bras tout à fait libre et découvert. La duchesse de Bourgogne, Jeanne de France, en 1340, et Jeanne de Clermont, comtesse d'Auvergne, en 1386, dont le buste est ici reproduit d'après un sceau, semblent parées de cette petite mante qu'on appelait le corset fendu.

Fig. 23. — Gentilhomme présentant son cœur
à une demoiselle (1360)

Ce n'est du reste pas le seul vêtement qui fût désigné sous le nom de corset, car un peu plus tard la mode vint pour les gentilshommes de porter de fausses épaules d'une largeur extrême appelées mahoîtres, par dessus lesquelles ils mettaient un pourpoint si ajusté et si serré à la taille qu'on l'appelait : le corset sanglé.

De même, on appela aussi corset court, un surcot serré par une ceinture et que portaient les écuyers.

Dans une lettre de remission de 1359, jupon est synony-me de corset ou garde-corps : « Osterent avec ce aus dictes femmes troys jupons appelez corsez. »

Avec le XIV⁰ siècle se termine la deuxième époque de l'histoire du corset : cette période, n'est qu'une période de transition; elle nous lègue le mot corset, sans que cependant ce terme français se rapporte à une partie du vêtement féminin qui soit comparable au corset proprement dit ; elle fait plus toutefois, puisque abandonnant progressivement les bandelettes antiques, elle les perfectionne et met au jour les corsages ajustés sans que cependant l'usage de ceux-ci devienne général.

L'essai du Corset (A. Wille)

CHAPITRE IV

Si l'on fixe au règne de CharlesVI le passage de la deuxième époque de l'histoire du corset à la troisième, on voit que
la fin de la deuxième période se confond avec le commencement de la période suivante puisque Charles VI monta sur le
trône à la fin du XIV⁰ siècle en l'an 1380 et qu'il régna jusqu'en 1422.

Dès 1340 la mode était apparue des corsages décolletés
« et quelquefois ouverts dans une telle étendue, *quod osten-
dunt mamillas, et videtur quod dictæ mamillæ velint exire
de sinu earum* suivant le langage de Jean de Mussi,écrivain
lombard de 1388, qui ajoute naïvement : *qui habitus esset
pulcher, si non ostenderent mamillas et gulæ essent sic de-
center strictæ, quod ad minus mamillæ ab aliquibus non
possent videri.* »

Vers le commencement du XIV⁰ siècle, Robert de Blois
dans son *Châtiment des Dames* les admonestait déjà sur ce
point en disant :

> De se faict dame blasmer.
> Qui veult sa blanche char monstrer
> A ceux de qui n'est pas privée;
> Aucune lesse deffermée
> Sa poitrine, pour ce l'on voic,
> Comme neige sa char blanchoie;
> Une autre lesse tout de gré
> Sa char apparoir au costé;
> Une sa jambe trop descuevre,
> Prud'homme ne loe pas ceste œvre.

Isabeau de Bavière, mariée en 1385 au roi de France Charles VI, mérita particulièrement le reproche d'avoir donné
encore plus d'extension à cette mode des robes décolletées.

« Elle imagine les robes ouvertes surnommées plus tard
robes à la grand'gore (truie) ; on appelait gores ou gauriè-
res, les courtisanes de l'époque. C'était alors le triomphe
de la chair dans la toilette.

Cette mode ne fit que s'accroître plus tard si l'on en
croit Menot, prédicateur de la fin du XV⁰ siècle, qui en
chaire reprochait aux femmes de montrer « *pectus discor-
pertum usque ad ventrem.* »

Vers 1390 les femmes portent la sorquanie, sorte de surcot lacé en arrière emprisonnant la taille et moulé sur la
poitrine.

Malgré quelques excentricités passagères et de grandes
bizarreries, surtout dans la coiffure, le costume des femmes de la Renaissance était généralement, dit le docteur

Bouvier, un modèle de goût. Les corps à baleines n'existaient pas encore à cette époque.

Les corsages enserraient cependant les femmes et Jean Gerson se plaignait de « leur sein ouvert et mamelles estraintes et descouvertes, corsets et manches justes... »

On appelait corset, *corsetus* ou *cursetus*, *corsatus*, *corsellus*, un vêtement commun aux deux sexes, espéce de pourpoint ou de justaucorps pour les hommes, de camisole ou même de robe pour les femmes qui se mettait le plus souvent sur la chemise.

Le surcot, que les femmes ont porté pendant deux siècles, devînt quand on en supprima la jupe une sorte de corset de dessus et l'on mentionne encore d'autres vêtements de dessus consistant en de simples corsages et rappelant la forme des corsets proprement dits.

Fig. 24. — Anne, dauphine d'Auvergne (1371).

J'ai déjà écrit que, dès Louis IX, les robes parfaitement ajustées et dessinant tous les contours du corps remplissaient l'office des corsets modernes.

Il existe donc au quatorzième siècle deux formes principales de corsages ajustés : l'un séparé de la jupe, l'autre faisant corps avec elle et constituant ce que de nos jours on appelle la robe princesse. J'ai choisi parmi des documents de cette époque des types bien nets de chacun de ces costumes.

Les deux premiers portraits reproduits représentent l'un Anne, dauphine d'Auvergne, femme de Louis II, duc de Bourbon, qu'elle épousa en 1371, l'autre une des suivantes de cette dauphine. Toutes deux portent la cotte hardie au corsage absolument collant ; les cottes hardies de ces deux personnages sont blasonnées en mi-partie comme c'était l'usage pour les femmes mariées.

Le troisième portrait est celui de Jacqueline de la Grange, femme de Jean de Montagu, grand ministre de France sous Charles VI, elle porte un corsage séparé de la jupe mais dessinant très exactement le buste.

Fig. 25. — Une suivante d'Anne d'Autriche.

En dehors de ces deux types primordiaux et les plus anciens des robes à corsage-corset, les estampes qui reproduisent des personnages du XIVe siècle nous montrent encore une troisième façon de porter sur le thorax un vêtement ajusté. Considérez en effet les trois figures 27, 28, 29, et qui sont dans l'ordre, le portrait d'une femme inconnue; le portrait de Jeanne de Flandre, épouse de Jean de Montfort duc de Bretagne, dans le costume de son entrée à Nantes à côté de son mari en 1341 et enfin celui d'une suivante d'Isabeau de Bavière (1389).

Sur les deux premières de ces figures vous voyez directement appliquée sur la peau une chemise, camisole ou fichu, par dessus une espèce d'étoffe qui soutient la gorge, et enserre la poitrine et qui apparaît par l'échancrure de la robe elle-même ajustée dans sa partie corsage et maintenue à la taille par une ceinture. Dans la troisième figure la pièce d'étoffe apparaît directement appliquée sur les seins, ce qui autorise bien à penser que ce que l'on aperçoit par l'ouverture du corsage n'est pas seulement un

Fig. 26. — Jacqueline de la Grange.

plastron mais un corsage de dessous très ajusté et maintenant la gorge et la poitrine, chacun de ces trois types de costumes féminins comprend une ceinture enserrant la taille.

Par un célèbre arrêt du Parlement en date du 28 juin 1420, « Deffenses sont faites à toutes femmes amoureuses, filles de joye et paillardes, de ne porter robes à collets renversez, queues, ni ceintures dorées, sous peine de confiscation et amendes. »

Il leur était en outre défendu d'avoir des robes à collet
ouvert et leur corsage devait être lacé sur le côté.

Plus tard apparaissent les corsages lacés par devant :
« Olivier de la Marche, gentilhomme de la cour des ducs de
Bourgogne, poète et chroniqueur du XVᵉ siècle, a décrit,
dans un petit poème sur le *Parement des dames*, toutes les
parties de leur habillement d'alors qui sont représentés par
des figures enluminées dans un des manuscrits de cet ouvrage remontant au temps de Charles VIII. On y trouve entre la chemise et la robe de dessus en drap d'or une robe de
dessous à corsage largement ouvert et suppléée au devant
de la poitrine par une pièce d'estomac sur laquelle passe le
lacet qui unit ses deux bords. Cette robe lacée n'est dési-

Fig. 27. — Costume du XIVᵉ siècle.

gnée dans le manuscrit que sous le nom de cotte ; elle est
appelée cotte ou corset dans l'exemplaire imprimé à la
date de 1510. »

Ce vêtement existait déjà sous Charles VII puisque un
portrait de Marie d'Anjou sa femme nous la montre avec
un corset lacé par devant dont les bords écartés laissent
apercevoir une cotte de dessous.

48

Olivier de la Marche que je citais tout à l'heure décrit
ainsi le corset ou cotte de chasteté :

> Le corset est bon et prouffitable
> A vestir dames et les monstrer valoir,
> Car le corset est habit si notable
> Qu'il est plaisant à tous et aggréable.
> Quoy qua danger on ne la puisse veoir.
> Et quand l'œil peult sa dame percevoir
> En ce corset, sans plus estre a ornée,
> Il en vaut mieulx la plus part de l'année.

Néanmoins, ce fut surtout sous Louis XII que fut en
faveur la robe lacée par devant comme dans le costume

Fig. 28   Fig. 29.
JEANNE DE FLANDRE (1311)   Une suivante d'Isabeau de Bavière.

génois ; on imitait la belle Thomassine Spinola, qui, à
Gênes, s'éprit follement du roi et sollicita ce titre de sa
maîtresse de cœur en lui offrant celui d'intendio.

Une tapisserie d'Arras datant de la fin du XVe siècle et
appartenant au musée de South Kensington me permet de
donner un second spécimen de ces corsages lacés par
devant.

« La tapisserie représente Bethsabée au bain, elle est vêtue
d'une robe sans ceinture. C'est un surcot au corsage lacé
dont la large et longue ouverture se prolongeait jusqu'à la
naissance du ventre auquel on donnait le volume d'une grossesse de quelques mois, dans le genre de ce que plus tard
on devait appeler le quart de terme, le demi-terme, etc.,
affecté au temps des grossesses de Marie-Antoinette et à la
suite de la Terreur de 1793. » On comprendra cette mode
et ces appellations à des époques où comme après la guerre
de cent ans il s'agissait de repeupler la France à laquelle
il fallait des hommes.

Vers le milieu de ce siècle, en 1459, les élégantes adoptent une seconde ceinture, la surceinte, pour le vêtement
de dessus qui était la houppelande modifiée ou la cotte hardie s'ouvrant en pointe sur la poitrine et dans le dos. Sau-

Fig. 30. — Marie d'Anjou, femme de Charles VII.

val en établissant les comptes de la prévoté de Paris de
cette époque, relève ce détail : La demoiselle Laurence de
Villers « femme amoureuse » s'est constituée prisonnière
pour avoir porté une ceinture et une surceinte « ferrées
à boucle, mordant et cloes d'argent doré », lesquelles furent
en outre confisquées.

Après la mort de Louis XI qui en 1483 marque la fin du
moyen âge. et les règnes de Charles VIII et de Louis XII, le

Fig. 31. — Fragment de tapisserie du xvᵉ siècle

ton fastueux affiché par François Iᵉʳ, monté en 1515 sur le
trône de France, donna un élan considérable à la variété, à
la richesse et au luxe des parures et des vêtements.

CHAPITRE V

« C'est à la fin du xv⁰ siècle — au commencement du xvi⁰
— que la Basquine ou Vasquine fait son apparition, suivie
bientôt vers 1530 de la Vertugale, Vertugade ou Vertugadin
qui nous venait d'Espagne.

Dans les *Emblemata*, J. de Brunes, Amsterdam 1636
in-4°, l'on trouve une série de vignettes des plus in-
téressantes, parce qu'elles offrent, prises sur le vif par des
contemporains, la représentation des faits de la vie inti-
me. La vignette emblématique que nous reproduisons ici
représente : « Une dame qui ne dort pas, tourmentée par
une jalousie dont les personnes les plus honnêtes ne sont
pas toujours exemptes... Cet intérieur n'est pas luxueux,
mais que de choses on y voit ! Le lit d'abord... La dame
est enveloppée d'une très ample chemise de nuit sans

Fig. 32. — Le Vertugadin

manches... au mur est le miroir de Venise : à côté, la
grande brosse rectangulaire, servant aux parquets ; sur
le bahut... la collerette empesée... sur la chaise basse à
portée de la main est un vase dont l'usage est assez indiqué
par sa forme... : à terre, on voit les pianelles vénitiennes,
puis les bas épais qui se nouent à mi-jambes : et enfin le
vertugadin composé de cerceaux liés ensemble et se terminant par une agrafe.

Ces vertugadins portaient encore les noms de « gard'enfants (protecteurs d'enfants), ou encore cache-bâtards et
par ironie vertu-gardiens si favorables aux filles qui s'é-
taient laissé gâter la taille. »

La basquine, désignée aussi dans quelques écrits sous le
nom de buste, était un corset de fil ou de forte toile garni
sur le devant d'un busc de bois ou de métal ; c'était un acheminement vers l'invention des corps piqués. Quant au ver-

Fig. 33. — Diane de Poitiers (1199-1566).

tugadin, c'était un bourrelet que les femmes plaçaient au-
dessous de la taille pour soutenir la jupe et faire « baller »
la robe ; il se transforma dans la suite en panier et en cri-
noline. »

Rabelais, décrivant l'habillement des dames de la cour
de François 1er (*Gargantua*, liv. 1er, LVI). dit : Au-dessus
de la chemise elles vestoient la belle vasquine de quelque
beau camelot de soye ; sus icelle vestoient la verdugale de
taffetas blanc, rouge, tanné, gris, etc...

D'après Racinet, le caractère saillant du costume féminin
en France pendant la plus grande partie du XVIᵉ siècle s'accuse nettement dans ces deux exemples : pour avoir une fine
taille on comprime le buste et pour faire ressortir la svel-
tesse, le costume féminin se trouve composé de deux évase-
ments contraires, issus de la ceinture. Du haut de l'espèce
d'entonnoir supérieur, taillé devant en carré à l'italienne
plus ou moins bas, on voit se dégager le haut de la poitrine,
le col nu, la tête coiffée bas ; à partir des hanches la robe est

Fig. 31. — Marguerite de France, duchesse de Savoie (1523-1574)
Troisième et dernière fille de François Iᵉʳ.

une cloche allant en s'élargissant jusqu'à terre, on n'en est
pas encore au corset à armature baleiné à éclanches de bois
ou de métal qui devait faire tant de meurtrissures et projeter
en avant et si bas la pointe du corsage comme on le voit
sous Henri III, on n'en était encore qu'à la vasquine ou basquine, le corset ou petit pourpoint sans manches fait de toile
forte serrant le buste de manière à l'amincir graduellement

jusqu'à la taille. La vertugale, la vertugade ou vertugadin,
qui était l'autre vêtement de dessous donnant la configuration de la contre-partie inférieure ne comportait pas non
plus à son origine le bourrelet des fausses hanches qui lui
fut adjoint et fut de si singulier aspect. Le vertugadin primitif était un jupon de gros canevas empesé que les dames
riches faisaient recouvrir de taffetas : on l'attachait aux
basques de la basquine, et il ne grossissait pas les hanches

Fig. 35. — Epousée de Venise vers 1550.

ou du moins fort peu... La cotte qui se mettait par dessus
cet appareil était en quelque sorte tendue et ne devait faire
aucun pli, on n'en voyait plus d'ailleurs que la jupe appa-
raissant par l'ouverture des pans qui s'écartaient de la robe
de dessus, l'ancienne surcotte et les manches entières, ou
recouvertes en partie par les manches étoffées de la surcotte.

On attribue à Eléonore de Castille l'introduction en
France du vertugadin et aussi de l'adjonction aux pièces de
la contenance du petit miroir qui en fit dès lors partie et
auquel personne n'avait encore songé.

Les femmes étaient tellement guindées dans ces basquines, et l'aspect de la vertugale était tellement bizarre et ridicule, que bon nombre de poètes exercèrent leur verve contre la nouvelle mode.

Dans une satire intitulée : *Blason des basquines et vertugales, avec la remontrance qu'ont faict quelques dames quand on leur a montré qu'il n'en fallait plus porter*, l'auteur écrit :

> .....O la gente mutine !
> Qu'elle a une belle basquine !
> . . . .
> Que vous servent ces vertugalles
> Sinon engendrer des scandalles ?
> Quel bien apportent vos basquines
> Fors de lubricité les signes ?
> . . . .
> Laissez ces vilaines basquines
> Qui vous font laides comme quines (singes)
> Vestez-vous comme prudes femmes
> Sans plus porter ces buscqs infâmes.

« Des prédicateurs même protestèrent dans leurs sermons contre les exagérations de la mode.L'un d'eux parlant de ces « bricoles infâmes » dit en chaire, s'adressant à la reine et à la cour : « les femmes qui les revêtent portent le diable en croupe. » Charles IX combattit violemment la basquine, il essaya même de la supprimer par des ordonnances, mais ne put y parvenir. Basquines et vertugales eurent cependant leurs défenseurs, témoins ces vers d'une chanson de l'époque :

> La vertugalle nous aurons,
> Malgré eulx et leur faulse envie,
> Et le busque au sein nous porterons,
> N'esse-ce pas usance jolye ?

Avec la basquine fut introduit en France le busc déjà connu depuis la plus haute antiquité, puisque, un poète comique du IVe siècle avant notre ère, Alexis d'Athènes, oncle de Ménandre, en parle comme il suit dans un des rares fragments de ses ouvrages qui nous soient parvenus : « Les courtisanes prennent à leur charge des jeunes filles qui connaissent à peine les éléments du métier et déguisent aussitôt leurs formes au point de les rendre méconnaissables. Une jeune fille est-elle petite, sa stature est aussitôt exhaussée au moyen d'une semelle de liège. Est-elle trop grande, elle porte des sandales minces et marche la tête inclinée sur une épaule...

A-t-elle peu de hanches, on lui en met des fausses qui la font passer aux yeux de tous pour callipyge. Son ventre est-il trop gros, au sein postiche, qu'elle se met, comme les acteurs de la comédie, on adapte des supports droits qui le resserrent et le repoussent en arrière. A-t-elle les sourcils roux, on les lui teint avec du noir de fumée, etc... »

Les hommes portaient aussi des buscs dans quelques cir constances. Aristophane, dans une scène de sa comédie *Les Oiseaux*, fait allusion par l'épithète de « l'homme au tilleul », d'après l'explication du grammairien Athénée, à une planchette en bois de tilleul que Cinésias, poète dithyrambique d'Athènes, très grand et très mince, mettait sous sa ceinture pour se soutenir le tronc et l'empêcher de se

Fig. 36. — Dame du xvi⁰ siècle portant au devant de son corsage un busc apparent.

fléchir en avant. L'Empereur Antonin courbé par l'âge et par sa haute stature, avait recours à ce même moyen, au rapport de son biographe Capitolinus : « *Cum esset longus et senex, incurvareturque, tiliaceis tabulis in pectore positis fasciabitur, ut rectus incederet.* »

'Les buscs, on le voit, ne sont pas d'invention moderne, ils ont seulement subi, suivant les époques, des modifications dans leur forme, dans leur fabrication, dans leur ornementation.

Dans son *Dialogue du nouveau langage italianisé*, Henri Estienne nous apprend que les dames appellent leur busc un os de baleine (ou autre chose à faute de ceci) qu'elles mettent par dessus leur poitrine au beau milieu pour se tenir plus droites.

Fig. 37. — Marie de Médicis.

Le busc des basquines était une lame de buis, d'ivoire, de nacre, d'acier, de laiton, d'argent. On décorait cet objet en vue, il était gravé, damasquiné, ciselé, sculpté même et quelquefois fort en relief. La collection Jubinal en offre des exemples variés ; les uns sont en marquetterie, d'autres sont chargés d'ornements et de figurines sculptés dans le bois. Celui-ci de bois incrusté d'ornements et d'arabesques d'ivoire est une gaine qui renferme un poignard, et ce n'est pas le seul de ce genre ; un autre qui est en fer est aussi le fourreau d'un poignard dont la lame au talon est décorée en forme de cœur. Les uns sont de fabrication allemande, les autres de main italienne, comme l'est par exemple un busc plat en fer finement gravé d'ornements et de figurines où se lit cependant une inscription française : Ai de madame cette grâce — D'estre sur son sein longuement, — D'où j'ouis soupirer un amant. — Qui voudrait bien tenir ma place.

Le busc qu'on faisait deviser en vers fut longtemps du goût des dames même quand il ne se voyait plus ; l'inscription gravée sur un busc de baleine ayant appartenu à Anne d'Autriche et qui fait partie de la même collection se termine comme celle que nous venons de citer, elle commence : « ... Ma place ordinaire... est sur le cœur de ma maîtresse... » (Racinet).

Ces détails sur le busc, qui ne sauraient paraître une digression font réellement partie de l'historique du corset et cela d'autant plus que l'apparition du busc marque au milieu du XVIe siècle la transition entre l'époque des basquines et celle des corps à baleines qui vont constituer un nouvel et très sensible acheminement vers le corset actuel.

CHAPITRE VI

« Depuis Charles VIII (1483-1498) , l'engouement des Fran·
çais pour les Italiens avait en quelque sorte dénationalisé
le costume ; pendant la première partie du règne de François Ier (1515-1547) l'imitation ne fit que croître ; ce ne fut
que par suite de l'arrivée de la florentine Catherine de Médicis que les choses se modifièrent. La future reine appor·
tait dans l'application des modes italiennes une indépendance qui devint une leçon pour les dames françaises; c'est
à proprement parler à partir de ce moment que leur goût
émancipé et délicat put s'affirmer de plus en plus et malgré
bien des écarts et peut-être à cause de sa mobilité leur valut
ce sceptre de la mode qu'elles tiennent encore. »

Le règne de Henri II (1547-1559) ne fut que la continuation
de celui de François Ier, mais avec moins d'éclat et d'éner·
gie personnelle, plus d'influence encore des courtisans et
des prodigalités plus funestes. A son avènement et de nouveau en 1549, le roi interdit d'une façon expresse et étendue les superfluités du costume féminin ne laissant toute
indépendance qu'aux princesses ainsi qu'aux dames et demoiselles de la suite de la reine.

Ces ordonnances somptuaires éludées dès leur apparition n'empêchèrent pas le luxe de paraître dans tout son
éclat.

De son mariage avec Henri II, Catherine de Médicis eut
trois fils, les trois derniers Valois : François II, Charles IX,
Henri III.

Sous François II, qui ne régna que seize mois environ,
aucun édit somptuaire ne fut promulgué. Ce n'est qu'en
1561, sous Charles IX, aux Etats généraux assemblés à Or-
léans, que fut renouvelée l'ordonnance de Henri II et qu'en
1563 que, le gonflement des robes atteignant huit à dix
pieds de circonférence, l'on fit : « défense aux femmes de
porter des vertugales de plus d'une aune ou d'une aune et
demie de tour... » il fut cependant permis aux dames de
Toulouse qui aimaient les vertugadins d'en porter à leur
commodité pourvu que ce fut avec modestie.

C'est principalement sous Charles IX, dont elle prit la tu-
telle immédiatement après la mort de son frère François II,
et pendant la durée du règne de ce deuxième fils (1560-1574)
que les modes importées par Catherine de Médicis prirent
de l'extension.

Un journal anglais *The Lancet* rapporte qu'un barbare mari du XIIIe siècle ne trouva rien de mieux pour punir sa femme que de la comprimer entre deux étaux qui l'empêchaient de reprendre souffle. D'autres maris suivirent bientôt ce terrible exemple et enfermèrent leurs femmes dans ces prisons portatives. Les femmes ne voulurent pas céder, s'habituèrent par coup de tête, et petit à petit à leur carcere, le modifièrent, et d'une punition barbare firent, par esprit de contradiction et pour se conformer aux lois de la mode, le corset que portent maintenant, sans en vouloir reconnaître les inconvénients, grandes dames comme femmes du peuple.

Cette légende qui fait honneur à l'imagination de son auteur aurait plus d'apparence de vérité si l'existence de ce « barbare mari » était placé au XVIe siècle. C'est en effet à Catherine de Médicis que l'on attribue généralement le premier usage des corps à baleines juxtaposées dont les modes italiennes lui fournirent le modèle ou l'idée.

Le secrétaire de Jean Lippomano, ambassadeur vénitien auprès de Charles IX, décrivant dans ses relations de voyage, les costumes de la cour de ce prince s'exprime ainsi : « Par dessus la chemise les femmes portent un buste ou corsage qu'elles appellent corps piqué qui leur donne du maintien, il est attaché par derrière ce qui avantage la poitrine »

L'idée des corps fut malheureuse en ce qui concerne le mode d'exécution. Au lieu de s'adapter au corps, d'en suivre les formes, de se plier à ses mouvements comme les corsages souples qui l'avaient précédé, ce nouveau vêtement devint un moule inflexible qui, forçant les contours naturels, leur imposait une forme de convention quelle que fut leur configuration propre, et s'opposait comme un étui rigide aux moindres variations de volume et de situation des organes, d'où des pressions exagérées au dehors, des refoulements au dedans, incompatibles avec l'intégrité et le jeu régulier des fonctions. Aussi les corps à baleines soulevèrent-ils dès leur apparition le blâme des hommes les plus éclairés. Leur carcasse solide, terminée au-dessus des crêtes iliaques, en forme de cône tronqué, resserrait les flancs avec d'autant plus de force que les femmes exerçaient plus de constriction dans ce point afin de faire ressortir davantage les hanches, et Montaigne nous apprend, dans ses *Essais*, qu'il en résultait souvent de profondes excoriations. « Pour faire un corps bien espagnolé (mince comme une Espagnole), dit l'illustre écrivain, quelle gehenne (torture) ne souffrent-elles (les femmes), guindées et cen-

LA TOILETTE

glées, à tout (avec) de grosses coches sur les côtés jusques
à la chair vifve ? Oui. quelquefois en mourir. » Coste,
dans son édition des *Essais* donne à ce mot coche le sens
d'éclisses de bois qui auraient été placées sur les côtés des
corps. C'est une erreur ; il signifie entaille ici comme dans
tout autre cas et il m'a paru d'autant plus nécessaire de relever cette inexactitude, qu'elle donnerait une fausse idée
de la construction des corps à baleines et qu'elle a été reproduite sans contrôle dans les éditions suivantes de Mon-

Fig. 38. — Duchesse d'Etampes (1508)

taigne et dans plusieurs autres ouvrages, parmi lesquels
il me suffira de citer le Dictionnaire de Trevoux et un mémoire du savant Moret de Dijon (Dr Bouvier).

Paul Lacroix dans ses *Costumes historiques* a répété celle erreur en écrivant : « Montaigne nous apprend que les
femmes de son temps se servaient pour se serrer le buste et
se rendre la taille fine et dégagée, d'éclisses ou petits morceaux de bois qu'ils appelaient coches, ... aux éclisses de bois ont succédé les éclisses et corps de baleines et
d'acier. »

Henri III (1574-1589) après avoir usé d'indulgence pendant quelque temps, rendit des édits très sévères pour enrayer l'usage des corps que tout le monde considérait comme pernicieux à la santé mais que les femmes ne voulaient pas abandonner.

Je reproduis ci-dessus d'après des miniatures du temps, ayant fait partie de la collection de M. de la Mesangère, un portrait de la duchesse d'Etampes née en 1508; elle porte un costume que Racinet décrit ainsi : Robe noire, avec passe-

Fig. 39. — Mademoiselle de Limeuil.

ments de même couleur, fermée par le haut, taillée en carré, ouverte depuis la ceinture jusqu'en bas sur une jupe brodée en argent. La coupe de cette robe ouverte, les crevés verts des manches, le bouffant des épaules ainsi que la cordelière en joaillerie formant ceinture et tombant jusqu'au bas de la jupe de dessous, la cotte, qui cache les pieds, sont de la première origine italienne. La nouveauté se rencontre ici : à la fraise gaufrée en petits canons, godronnée, maintenue par un collier dit carcan, que Catherine vient

J'apporter, et aussi au raccourcissement de la manche ne dépassant plus le coude et laissant l'avant-bras couvert seulement de fines lingeries ; enfin, cette figure porte visiblement celle des parures inventées par Catherine de Médicis, dès le commencement de son séjour en France, qui devait avoir tant d'avenir : le corset « espèce de gaîne, dit Montaigne, qui emboîtait la poitrine depuis le dessous des seins jusqu'au défaut des côtes et qui finissait en pointe sur le ventre » Ce corset en fil de laiton avait, dit Quicherat, la forme d'un entonnoir ; on mettait un busc de baleine sur le devant et il était rembourré.

Fig. 40. — Marie Stuart, reine de France

Du recueil de Gaignères j'extrais les portraits de Mlle de Limeuil, fille d'honneur de Catherine de Médicis, et celui de Marie-Stuart, reine de France, (1542-1587) qui épousa en 1588 François II ; les costumes qu'elles portent sont du modèle de celui de la Duchesse d'Etampes.

« Faisons remarquer en passant que Mlle de Limeuil tient à la main un cordon, un chapelet, pendu à sa ceinture et qu'on appelait patenôtre. « Cette attitude était fréquente et les dames lui empruntaient si souvent leur contenance que le nom même des « contenances » en fut donné aux pelotes, flacons à parfums, clefs, miroirs, écrans en plumes d'autruche, qui furent suspendus tour à tour à la patenôtre ».

Le portrait de Marguerite de Vaudemont, sœur de Louise de Lorraine, d'après une peinture du musée du Louvre qui la représente dans le costume du bal donné à la Cour à l'occasion de son mariage, en 1581 avec Anne, duc de Joyeuse, montre mieux encore ce qu'était la mode d'alors.

Fig. 41. — Marguerite de Lorraine Vaudemont (1581).

Jamais les édits somptuaires ne furent plus sévères, jamais ils ne furent moins observés, car jamais corps baleinés ne furent plus serrés, jamais costumes ne furent plus luxueux. Il suffit pour se convaincre notamment de l'exagération à laquelle on atteignait dans cette mode de la taille fine de considérer le costume de la dame du XVIe siècle reproduit ici.

Dès le XVIe siècle la mode des corps gagna même les hommes. A la cour de Henri III, hommes et femmes, au rapport des historiens, portaient des corps à baleines.

D'après le témoignage de Voltaire (*Essai sur les mœurs*) des corps semblables auraient fait partie dès la fin du XIII⁰ siècle du costume des chevaliers français qui passèrent en Italie avec Charles de Valois, frère de Phillipe le Bel. Mais ce renseignement dont la source n'est point indiquée est certainement inexact ; il n'est point fait mention de ce fait dans les chroniques italiennes où Voltaire paraît avoir puisé cette partie de son récit.

Fig. 42. — Dame du xviᵉ siècle

« Quoi qu'il en soit, l'usage des corps chez les hommes ne fut jamais que passager et pour ainsi dire individuel. Celui des buses que l'on plaçait sur le devant des pourpoints paraît avoir été plus général, à en juger par les plaintes de Montaigne sur la versatilité de la mode qui après avoir fait porter, dit-il, le buse du pourpoint « entre les mamelles » l'a fait descendre quelques années après « jusques entre les cuisses ». (Montaigne, *Essais*).

« L'usage des corps à baleines s'étendit jusqu'aux enfants des deux sexes à peine au sortir du maillot ; car les petits

garçons portaient une première espèce de corps tant qu'ils
étaient en robe et on leur en faisait d'une seconde sorte
à lèur première culotte. Ce n'était là d'ailleurs qu'une conséquence naturelle de la prétendue nécessité de mouler le
corps humain sur de nouvelles formes pour obtenir de belles proportions, réformer la nature et prévenir ses écarts ;
on ne pouvait s'y prendre trop tôt pour atteindre un tel but
et les mères se seraient crues coupables d'indifférence

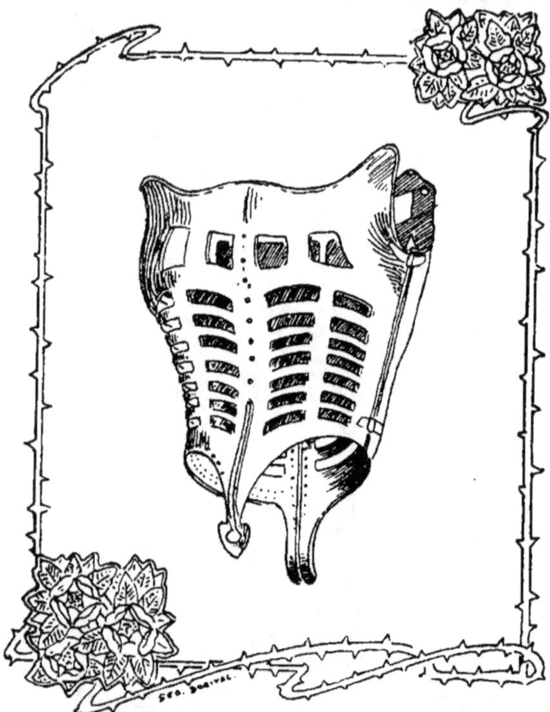

Fig. 43. — Corset de Fer du Musée de Cluny

pour leur enfants, si elles avaient négligé ces premiers
soins réputés indispensables à toute formation régulière
du corps.»

Le vêtement ajusté autour du buste devenait, on le voit,
avec l'évolution de la mode de plus en plus serré. Fasciœ
mamillares et zona, cotte hardie puis basquine, pour ne citer que quelques-uns des types que j'ai déjà décrits ; le vêtement qui resserre le buste devient plus rigide, il se trans-
forme en corps à baleine, se complique du busc et finalement un jour apparaît sous forme d'une véritable cuirasse.

C'est en effet sous Catherine de Médicis que parut le corset tout en acier recouvert de velours dont la mode ne

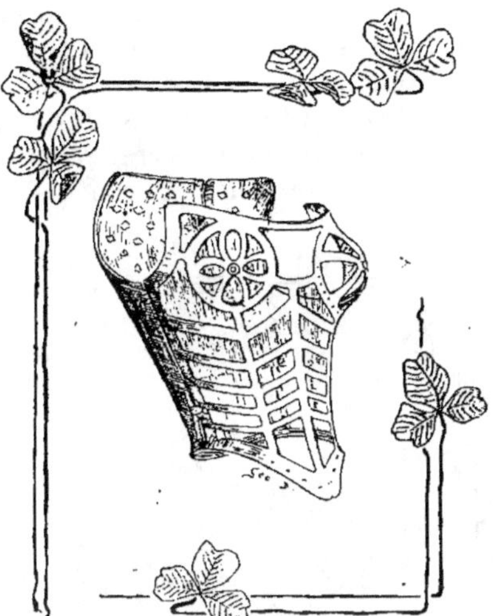

Fig. 44. — Corset de fer xvıᵉ siècle

prévalut que peu de temps sur celle du corset busqué, j'en reproduis ici quatre types à titre de curiosité.

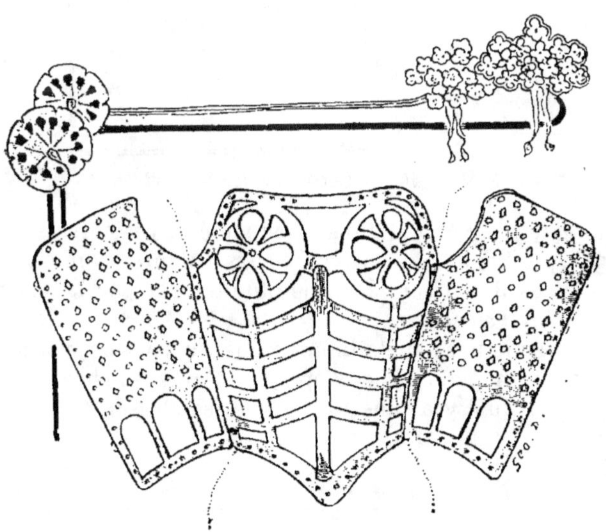

Fig. 45. — Corset de fer xvıᵉ siècle

Le premier, d'origine flamande, date du commencement du XVIᵉ siècle et est exposé au musée de Cluny.

Les deux figures suivantes montrent sous deux aspects différents, un corset en fer (busto) de la même époque que le précédent, mais d'origine vénitienne. L'un fait partie de la collection de M. Dupont Auberville, l'autre appartient à M. Lesecq des Tournelles. (E. Leoty.)

Le dernier type reproduit est intéressant parce qu'il présente des crans permettant de le serrer plus ou moins, ce corset de fer est exposé au musée Carnavalet.

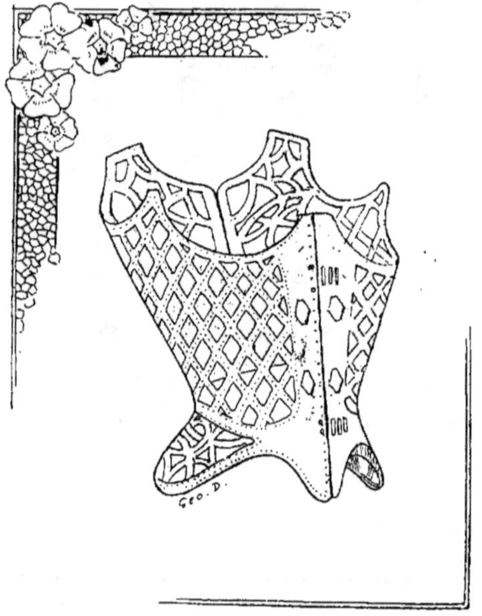

Fig. 46. — Corset de fer xvi* siècle

Il n'y a pas lieu toutefois de considérer ces corsets de fer ainsi que l'ont fait à tort plusieurs auteurs, comme étant des types de corset porté habituellement par les élégantes du xvi* siècle.

Ces armatures métalliques constituaient de véritables corsets orthopédiques de l'époque, et c'est sous cette dénomination qu'il y a plus tôt lieu de les classer.

CHAPITRE VII

Après la mort d'Henri III le dernier des Valois tué par le couteau d'un moine fanatique, Henri de Navarre, ayant abjuré la religion protestante, devint roi de France, sous le nom de Henri IV (1589-1598).

La paix étant assurée au dedans comme au dehors, tant par le traité de Vervins que par l'Edit de Nantes, Henri IV s'occupa de rétablir la prospérité dans son royaume ruiné par la guerre civile.

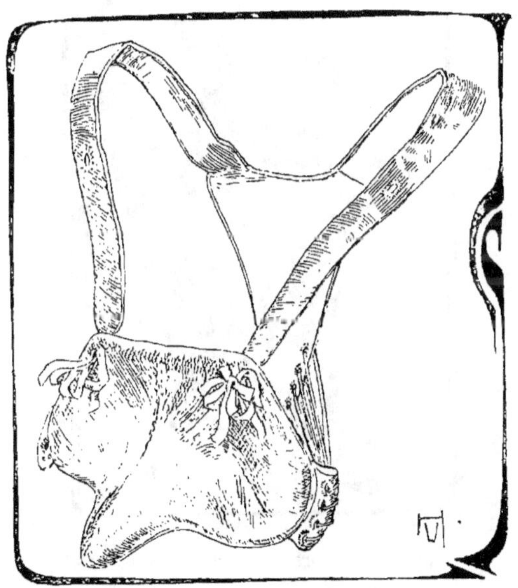

Fig. 47. — Corset faux-ventre du xvi⁰ siècle

De son admirable et juste administration, je ne retiendrai, au point de vue qui m'occupe, que les édits somptuaires qu'il lança en 1601 et en 1606, et dont je cite quelques lignes : nous défendons expressément à tous nos sujets de quelque qualité ou condition qu'ils puissent être, dans tous lieux et terres de notre obéissance, de porter or ni argent, ni excès d'étoffes sur leurs habits de quelque manière et sous quelque prétexte que ce soit, excepté cependant aux femmes de joie et aux filous, en qui nous ne prenons pas assez d'intérêt pour leur faire l'honneur de donner notre attention à leur conduite.

Mais, si le luxe fut pour un temps moins opulent, la mode n'en fut pas moins ridicule.

Le corset prit un aspect véritablement grotesque, il reçut les noms de panse, fausse panse, panseron. Moins serré à la taille, il était fortement busqué par le bas en avant, si bien que hommes et femmes ne paraissent distingués que s'ils ont gros ventre, que toutes les femmes semblent enceintes et que les ventres postiches sont parfois indispensables.

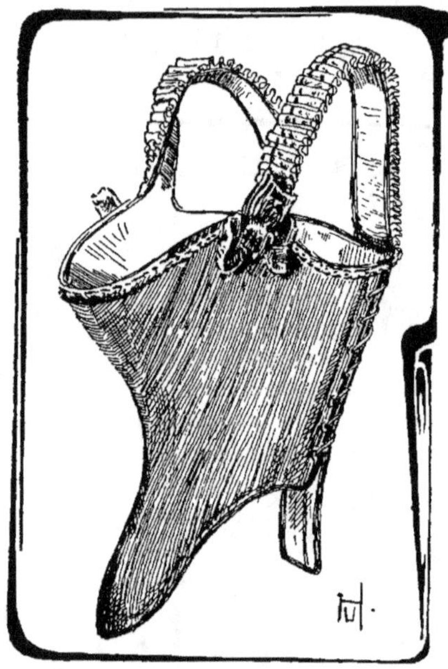

Fig. 48. — Corset italien du XVIᵉ siècle

Sur le point de disparaître à la fin du règne de Henri IV cette fausse panse devint encore plus volumineuse et de saillie plus prononcée. Marie de Médicis est toujours représentée sur ses portraits avec cet attribut disgracieux accompagné du vertugadin qui, avant de se transformer en paniers, prit des proportions exorbitantes. (E. Léoty). La vertugade est en effet toujours de mode ; elle fait bouffer « en coupole » les jupes sur un large cerceau suspendu autour de la taille. Quant au corsage, il était plus serré que jamais et faisait l'effet, dit Quicherat, d'un cône tenu en équilibre sur sa pointe.

Malgré sa vogue, le vertugadin avait des adversaires et
l'un d'eux le ridiculise ainsi dans le discours sur la mode
(1613) :

Le grand Vertugadin est commun aux Françoises
Dont usent maintenant librement les bourgeoises.
Tout de mesure que font les dames, si ce n'est
Qu'avec un plus petit la bourgeoise paraît;
Car les dames en sont pas bien accomodées
Si leur vertugadin n'est large dix coudées.

Fig. 49. — Gentilhomme du temps de Charles IX

Et en 1619, le Parlement d'Aix dut rendre obligatoires
par un arrêté toutes les ordonnances antérieures contre
l'emploi de cet attribut disgracieux, force fut alors aux
femmes d'obéir à la loi.

Le lecteur a remarqué certainement que pour faire l'histoire du corset, j'ai depuis le début de la troisième période
suivi pas à pas ce vêtement dans ses transformations à
travers les diverses époques de notre histoire nationale

Il m'a paru plus simple d'en user ainsi, car notre pays donnant si souvent et si loin ce qu'en matière de mode on appelle le ton, on peut dire que faire l'histoire du corset en France c'est le plus souvent faire l'histoire de ce vêtement chez tous les peuples civilisés.

Il ne faudrait donc pas croire que le corset ou que les vêtements en tenant lieu, que j'ai décrits précédemment, constituaient des modes propres à notre seule patrie, car le costume s'est rapidement unifié dans l'Europe occidentale.

C'est ainsi que je reproduis ici d'une part le portrait d'un

Fig. 50. — Courtisane vénitienne à la fin du xvie siècle

jeune gentilhomme français du temps de Charles IX et d'autre part, celui d'une courtisane vénitienne à la fin du XVIe siècle.

Homme et femme sont représentés l'un et l'autre avec la panse alors si fort en vogue.

Toutefois la reproduction du costume vénitien est en cela particulièrement intéressante qu'elle nous montre l'apparence extérieure et les parties cachées du même costume. Cet exemple est emprunté à Petri Bertelli, le premier peut-être qui ait imaginé un moyen de démonstration spéciale consistant à exposer en feuillets superposés, les diverses pièces d'un costume comprises sous l'habillement de dessus d'une figure unique. Ce moyen de démonstration permet de se rendre très bien compte de la

double supercherie que présente le costume que je reproduis : allongement et développement extrême du
buste d'une part, d'autre part augmentation de la stature
du sujet. Le premier point seul nous intéresse. On voit
que « le corsage n'a plus eu pour objet de marquer la
taille plus ou moins haut avec plus ou moins d'étroitesse,
mais bien d'en dissimuler la véritable place et d'en créer
une nouvelle beaucoup plus bas que la naturelle. Usant du
plastron en saillie, du panseron porté par les hommes en

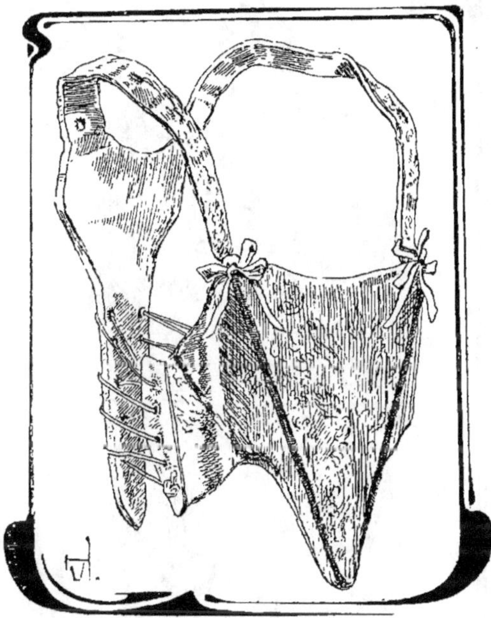

Fig. 51. — Corset italien du xvi⁰ siècle

leur pourpoint, appareil « rebondy, estoffé comme un bast
de mulet à coffres » ainsi que le décrit Blaise de Vigenère,
bosse allongée avec laquelle on se procurait une belle
panse, un des desiderata de l'époque, les femmes firent
leur corsage, qui était un pourpoint, si long qu'il comprenait la naissance des hanches et marquait sur le côté la
taille à cette hauteur...... »

La réforme du costume français, déjà très nette sous
Henri IV. s'accentue davantage sous le règne de Louis XIII,
qui publia en 1620, 1629, 1634, divers édits somptuaires,
non pour réformer le luxe de la toilette mais afin de remettre en faveur les produits de l'industrie nationale et
afin de retenir dans le royaume l'argent que les folies de la
mode faisaient passer à l'étranger.

Le corset lui aussi se modifia à cette époque, car les corps à baleine reprirent leur aspect primitif après la mort de Marie de Médicis. On aura une idée exacte de la transformation de la mode en examinant la toilette de Christine de France, fille de Henri IV et de Marie de Médicis, et le costume de Françoise Bertaud, dame Langlois de Motteville.

Christine porte un justaucorps de couleur jonquille,

Fig. 52. — Christine de France (1606-1663)

brodé d'or enrichi de pierres précieuses et une robe également jonquille ; le justaucorps est remarquable par sa forme et s'applique sur le buste sans que la taille soit marquée et il présente au bas de ses basques des échancrures profondes, il ressemble presque à une armature.

Françoise Bertaud a une robe de dessus en velours noir, la jupe de dessous est de damas blanc ; le corset à basques découpées et de damas blanc orné de passements laqué rose, avec des dessins d'or..... »

Une gravure signée *Le Blond excudit* et reproduite ici permet de mieux juger encore de ce qu'était alors la forme du corset.

Cette gravure représente « une dame en train de passer sa chevelure au petit fer : elle est en corset et en manches de chemise, ses seins étroitement rapprochés, sont découverts.... »

Au xviie siècle, le corset était devenu plus que jamais d'un emploi général.

Suivant les pays, la forme du corps, du corsage, du corset variait quelque peu, tantôt retardant sur la mode française, tantôt marchant avec elle, mais la façon et surtout les ornements dont on le revêtait variaient beaucoup

Fig. 53. — Françoise Berland (1621-1689)

suivant les diverses classes de la société. J'ai, pour établir cette universalité de la mode et cette diversité des modèles, rapproché quatre figures de l'époque.

La première représente des paysannes françaises d'après Stella; la deuxième, une noble bénédictine de Bourbourg en habit ordinaire dans la maison, d'après les ouvrages du père Hélyot de Schoonebeck et de Bar, sur les costumes religieux et militaires.

La troisième représente une femme d'Augsbourg, d'après des gravures du temps ; la quatrième, la femme du

Lord-Maire de Londres, en 1649, d'après l'*Ornatus muliébris anglicanus* de Hollar.

Au début du XVIIe siècle on ajouta à la toilette des femmes des sangles qui, en plus des corps comprimaient la taille, si l'on en croit un passage de *la descouverture du*

Fig. 54. — Dame à sa toilette

style impudique des courtisannes de Normandie, à celles de Paris, envoyée pour estrennes, de l'invention d'une courtisanne anglaise (1618).

> Puis nous livrant l'assaut vous laschez vos boutons
> Afin de nous montrer vos estranquez tétons,
> Que vous faites enfler au moyen d'une sangle.

En France, à cette époque, la femme de qualité portait naturellement, elle aussi, le corset.

A la mort de Louis XIII, Anne d'Autriche s'étant fait nommer régente avec un pouvoir absolu, donna toute sa confiance au ministre étranger, Mazarin. Celui-ci, en 1644 et en 1656, rendit des édits contre les passementeries et les accessoires de la toilette féminine, et Louis XIV lui-même, vers 1664, peu après le début de son gouvernement personnel, renouvela ces décrets.

Néanmoins le costume fut, tant pour les hommes que

pour les femmes, d'une richesse extrême et le corset figurait au nombre des accessoires indispensables de la toilette

Fig. 55. — Paysannes.

Fig. 56. — Bénédictine

des grandes dames de l'entourage de Louis XIV qui pendant quarante années, de 1660 à 1700, fit de Versailles une
cour dont l'éclat n'avait pas d'égal en Europe.

C'est ainsi que nous voyons dans les œuvres dues au talent de J.-B. de Saint-Jean, le fin portraitiste qui traça les effigies en pied des gens de la cour, « une femme de qualité, en déshabillé, sortant du lit ». La scène se passe dans le grand appartement, la dame est en robe de chambre, en ju-

Fig. 57
Femme d'Augsbourg

Fig. 58
Femme du Lord-Maire.

pon et en corset, n'ayant point la jupe de la robe et les criardes, c'est-à-dire cette tournure en toile gommée, qui,

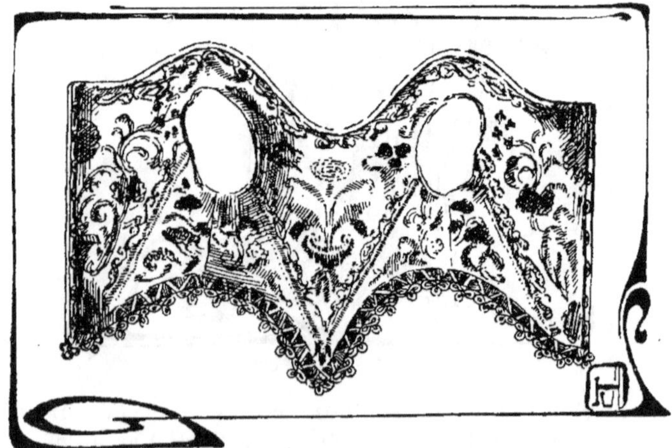

Fig. 59. — Corset Louis XIV

placée sous le vêtement pour le faire bouffer davantage, faisait du bruit au moindre frôlement — d'où son nom. La

Corsetière, par Gatine.

dame, en un mot, n'est pas troussée ; elle ne porte pas de tâtez-y entre les seins. Son corsage à basques est la gourgandine définie par Boursault, dans la scène XV de sa comédie des « *Mots à la Mode* »...

Fig. 60. — Dame de qualité en déshabillé.

...un riche corset,
Entr'ouvert par devant à l'aide d'un lacet,
...il rend la taille et moins belle et moins fine.

Un beau nœud de brillants dont le sein est saisi
S'appelle un boute-en-train ou bien un tatez-y.

C'est sous Louis XIV que réapparaissent les robes fermées, justes-au-corps. Le juste-au-corps est une sorte de corsage finissant en pointe, bombé à partir du creux de l'estomac au moyen de balcines et cambré par un busc sur le ventre.

L'usage du corset est à cette époque encore affirmé par une lettre de Mme de Sévigné, qui écrit le 6 mai 1676 :

« Il faut lui mettre un petit corps un peu dur qui lui tienne la taille ».

De plus, on ne se contentait pas de faire porter aux jeunes filles des corps bien roides lacés devant et derrière, on leur infligeait un collier de fer recouvert de velours

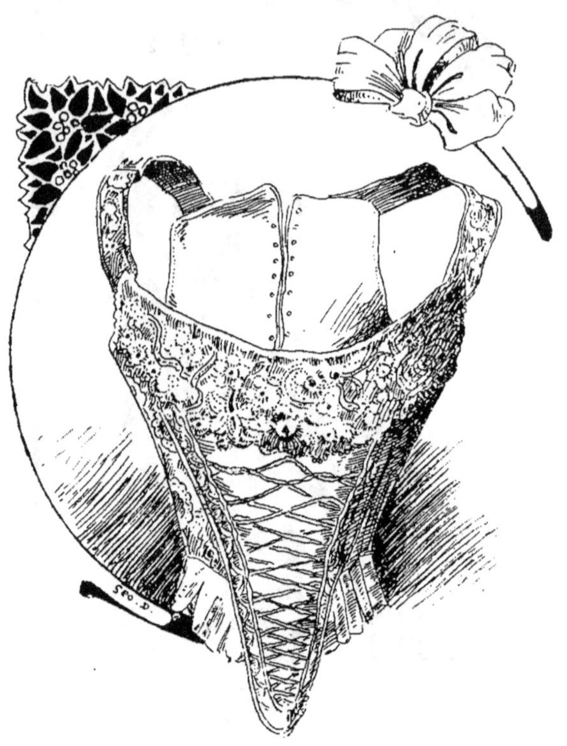

Fig. 61. — Corset en brocart d'or du XVIII siècle
(Musée des Arts Décoratifs).

noir, sorte de minerve chirurgicale, pour redresser la tête. Il fallait, du reste, une certaine résistance à ces corps qui étaient appelés à supporter les trois jupes des femmes ; celle de dessus, la modeste ; celle de dessous, la secrète ; celle du milieu, la friponne.

Avec Mme de Montespan (1641-1707), le corset tend à disparaître, les robes ballantes imaginées par la favorite royale pour dissimuler ses nombreuses grossesses, deviennent à la mode. Elles étaient dénuées de ceinture et flottaient sur le corps ; de là leur autre nom, de flottantes, on leur donnait encore l'appellation euphémique d'innocentes.

Boursault en parle dans sa comédie des *Mots à la Mode*
(1694) :

Une robe de chambre étalée amplement
Qui n'a point de ceinture et va nonchalemment
Pour certain air d'enfant qu'elle donne au visage
Est nommée innocente et c'est d'un bel usage.

Mais, dès que la Montespan fut en disgrâce, le corset ré-
apparut ; Mme de Maintenon (1635-1719), n'avait pas les
mêmes raisons pour n'en pas vouloir.

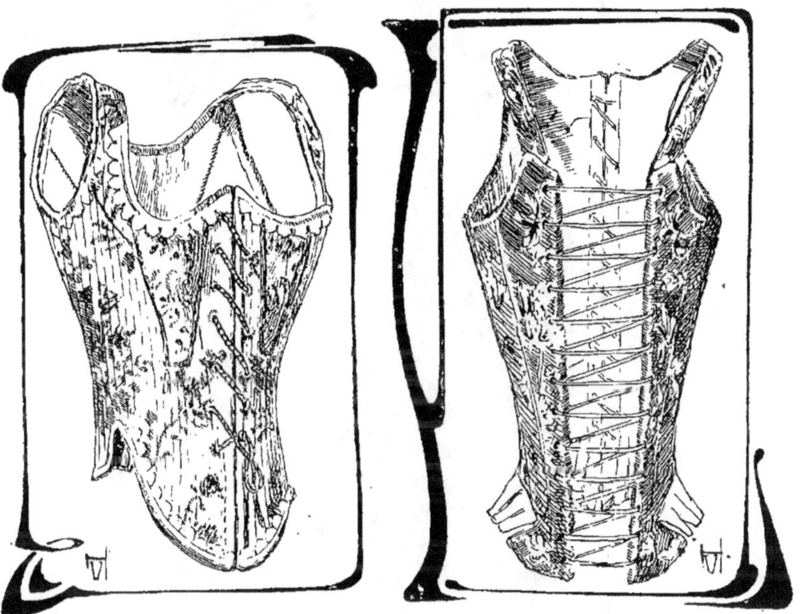

Fig. 62. — Corset xviie siècle.　　　Fig. 63. — Corset xviie siècle.

Dans un recueil finement enluminé, appartenant à
M. Avigneur, de Lille, se trouvent des documents des plus
exacts, retraçant avec le plus grand détail le costume à la
mode à cette époque, ce sont des portraits dus à H. Bon-
nart, Trouvain, Mariette, Berey, etc., qui en faisaient alors
un grand commerce.

Ces publications précédaient les journaux de mode et
en tenaient lieu. C'est d'après ces documents que j'ai fait
reproduire ici le portrait de Charlotte, landgravine de
Hesse-Cassel, reine de Danemark ; elle porte un costume
qui est sans contredit de la meilleure manière de ceux mis à
la mode sous le règne de Mme de Maintenon ; le bonnet à
la Fontange, ses engageantes ou larges manchettes de lingerie, son manteau troussé et sa gourgandine sont garnis
de dentelles.

Malgré la sévérité affectée par Mme de Maintenon la toilette des femmes resta somptueuse, variée à l'infini, couverte de dentelles et de broderies ; la chemise apparaissait au haut du corsage, et le corset, suivant le caprice, était ouvert ou fermé. Du même recueil que je viens de citer j'extrais le portrait de Madame la comtesse de Mailly, elle

Fig. 64. — Reine de Danemark

porte la gourgandine, et le portrait de Madame la comtesse de Conti, vêtue d'un corset fermé.

On ne s'étonnera pas de la richesse de ces costumes, car « Louis XIV, élève de Colbert protecteur de nos industries nationales, donnait le ton de la mode en adoptant tel drap, telle dentelle, telle soierie, tel parement. Cette protection fut si efficace, que non seulement elle soutint en France des industries qui se fondaient, mais qu'elle les y rendit prospères, grâce aux exportations qui résultèrent de l'extension du goût français en Europe. » Le luxe était immense à la cour et la même recherche présidait à toutes les parties du costume, je n'en veux pour preuve que le corset reproduit ici. C'est un magnifique corset Louis XIV, en satin brodé de fleurs en chenille et or ; il appartient à Mme Fulgence (fig. 67).

Fig. 65. — Comtesse de Mailly.

Le corset qui suit contraste avec la richesse du précédent, mais il démontre l'universalité de la mode : c'est un corset hongrois du xviie siècle, il fait partie du Musée de Budapest.

Ces deux types furent envoyés, en 1892, à l'Exposition des Arts de la femme, au Palais de l'Industrie.

Sous Louis XV (1715-1774), la mode des paniers régna en maîtresse. L'origine des paniers, dit Quicherat, est obscure comme toutes les origines. Ils furent d'importation anglaise suivant les uns, allemande suivant les autres et une troisième opinion les fait venir du théâtre où les héroïnes de tragédie avaient conservé la tradition du vertugadin ». C'est vers 1718 que la mode s'en répandit en France.

Le panier était une espèce de moule composé de cercles ou de cerceaux en baleine, en jonc ou en bois léger rattachés ensemble par des rubans ou du filet fabriqué, dit le *Nouvelliste Universel de 1724*, sur le modèle des cages à poulets.

D'Alembert, dans l'*Encyclopédie*, les décrit ainsi : c'était
une espèce de jupon fait de toile cousue sur des cerceaux

Fig. 66. — Madame de Conti

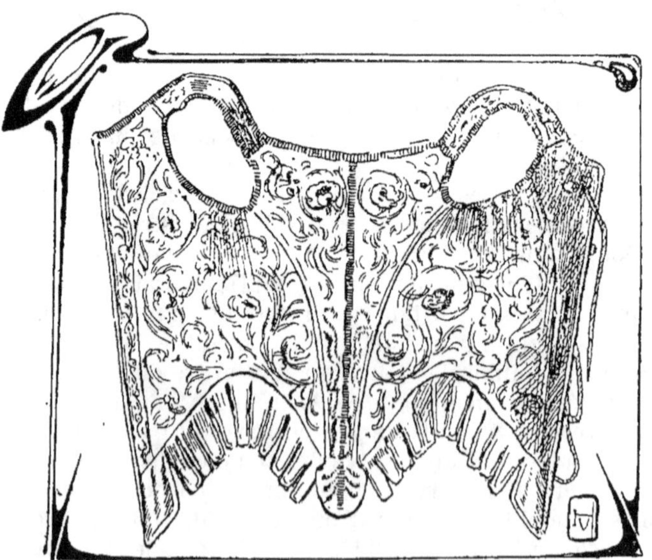

Fig. 67. — Corset Louis XIV.

de baleine, placés les uns au-dessus des autres, de façon
que celui du bas était le plus étendu et que les autres al-

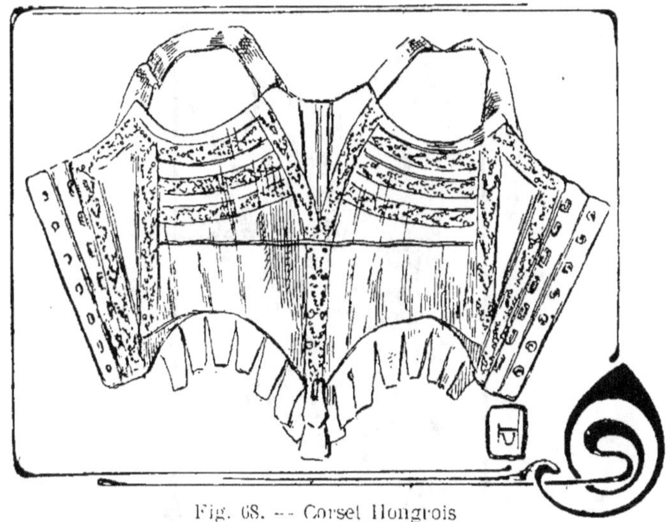

Fig. 68. — Corset Hongrois

laient en diminuant à mesure qu'ils s'approchaient du milieu du corps.

Fig. 69. — Robe à paniers du XVIII° siècle

Ces cerceaux étaient généralement au nombre de cinq ;
il y en avait huit dans les paniers dits à l'anglaise. Le pre-

mier, par la manie qu'on avait de baptiser toute chose
s'appelait le traquenard. Ces paniers étaient d'autant plus

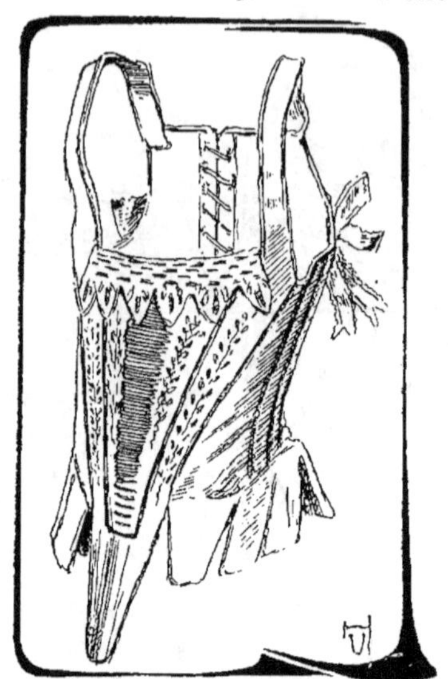

Fig. 70. — Corset italien du XVIIᵉ siècle

Fig. 71. — Corset, fin du XVIIᵉ siècle

vastes que le corsage était plus serré ; là encore les femmes ne voulurent pas lutter contre la mode ; elles se rattra-

pèrent, il est vrai, sur le décolleté de ces corsages dont l'ampleur devait les tenir plus à l'aise (L. Roger-Milès).

Plus tard, ces paniers furent faits d'une toile formant jupon, sur laquelle on cousait simplement les cerceaux de baleine ; Mlle Margot se fit, à cette époque, une spécialité de cette fabrication.

« Avec ces paniers, on portait un corsage ouvert, rappelant toujours, dans sa raideur, l'ancienne gourgandine. »

Fig. 72. — Corset du xviiiᵉ siècle

Pour faire valoir le contraste entre ces paniers démesurément larges et la partie supérieure du buste, le corset très résistant était en plus très serré. Echancré sur les hanches, il était lacé par derrière et muni devant d'un busc quelquefois en bois, plus souvent en fer et descendant très bas.

L'usage des baleines dans les corsets devint de plus en plus général et la consommation qui s'en fit, à cette époque, pour les corps et les paniers, fut si considérable, que les Etats généraux des Pays-Bas autorisèrent en juin 1722, un emprunt de 600.000 florins afin « de soutenir la campagne formée dans l'Ost Frise pour la pêche de la baleine dont le commerce s'étend chaque jour par la consommation ordinaire des fanons de baleine ».

Cette consommation devait, en effet, être excessive, s'il est vrai que l'on vit mettre jusqu'à 104 baleines dans un même corset.

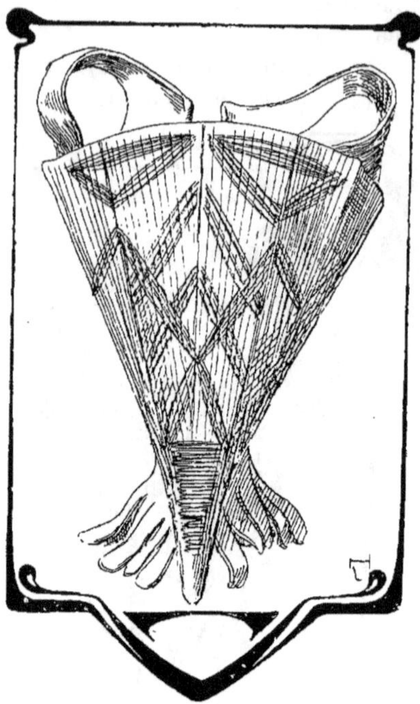

Fig. 73. — Corset du commencement du xviiie siècle exposé au Musée de Cluny.

A cette époque où la mode s'épuise en variations sur le thème ingrat du corsage baleiné, de la robe à dos flottant, du panier à large envergure, du soulier à haut talon ; alors que la forme du corps humain disparaît sous un ajustement de plus en plus chiffonné et confus et que, pour le dire comme M. Quicherat, il semble que cette forme n'existe pas, on est heureux de rencontrer, sans le dévergondage trop habituel, une portraiture propre à faire ressortir la nature corporelle, la complexion de la femme, telle que la voulait la mode en plein cœur du xviiie siècle. C'est à Baudouin, gendre de Boucher, l'un des peintres de l'époque qui, comme le disent MM. de Goncourt « avait l'indécence bien apprise » que nous devons la bonne fortune de cette rencontre.

Dans la scène que nous représentons — *La Toilette* — presque naïve lorsqu'on se reporte à l'époque, cet artiste agréable s'est élevé jusqu'à la véritable peinture des mœurs.

La jeune femme se fait habiller pour la sortie ou le dîner...
une fille de chambre ajuste le corps échancré, serré des
deux côtés, lacé dans le dos. La dame, qui se contemple
dans l'éclat de son décolleté, est une créature de formes élégantes ; mais l'opulence de son buste est un adroit men-
songe, car cette femme n'a pas plus les seins de la maternité que ne les avait naturellement la Pompadour. Le
corsage est long, de ceux qui, avec l'ample panier (encore
sous le rideau du porte-manteau) donnaient au corps fluet
l'aspect d'un oranger en caisse... Dans un coffre ouvert,
on aperçoit les nombreuses fanfioles de la toilette. (Racinet).

Fig. 74. — Corset du commencement du xviiie siècle (Musée de Cluny)

Si la belle s'admire en se disant : « Me voilà telle que la
nature m'a faite » elle se trompe ; elle est aussi près de la
simplicité primitive que la petite chienne assise à ses
pieds : aussi est-ce bien faussement que le chevalier de
Nisard, écrivait, en 1727, dans une satire sur les cerceaux,
paniers, criardes, et manteaux volans des femmes et sur
leurs autres ajustements :

> Est-il rien plus beau qu'un corset
> Qui naturellement figure,
> Et qui montre comme on est fait
> Dans le moule de la nature.

Le ravissant tableau : *L'essai du corset*, par P.-A. Wille 1798-1815 est aussi un gracieux démenti aux vers qui précèdent.

Un portrait peint par Nattier et reproduit ici, constitue aussi un document des plus intéressants de cette époque, 1720 à 1725.

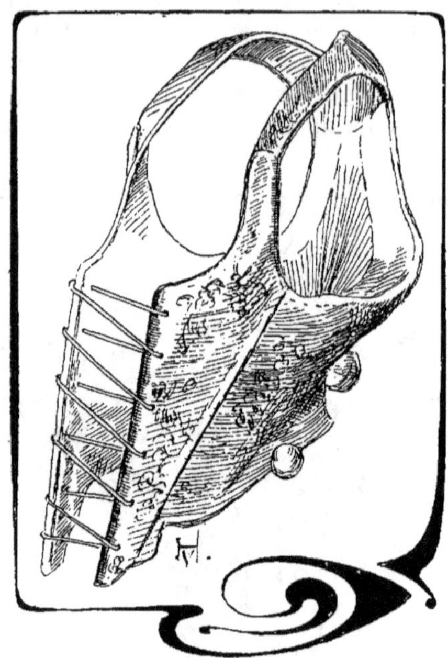

Fig. 75. — Corset fantaisie italienne

« La coiffure est un véritable caprice, mais la robe d'un satin uni, sans garniture, est de coupure historique ; ainsi que la fine collerette et l'ouverture de la robe où la rigueur du corset est dissimulée sous la lingerie sans apprêt ».

Le port du corset était de rigueur non seulement pour les femmes adultes, mais aussi pour les enfants. C'est ainsi que sur une des gravures que Lépicié et Lebas ont exécutées d'après les tableaux de Chardin, nous voyons une toute jeune fille « vêtue d'une fausse robe à queue, dont le corps ou corsage consiste en un appareil en forme de gaîne qu'un antique usage avait consacré comme une chose indispensable pour empêcher la taille de se gâter dans le jeune âge. »

En 1759, le sieur Doffémont, maître et marchand tailleur de corps publie un *Avis très important au public sur différentes espèces de corps et de bottines de nouvelle invention* il nomme modestement son corset : corps de santé.

Voici, dit-il, ce qui m'en a donné la première idée. J'ai
sçu que M. Fagon, premier médecin du roi Louis XIV,

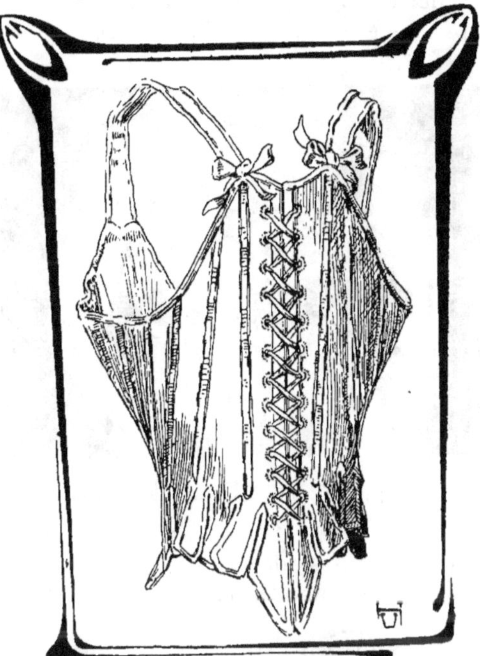

Fig. 76. — Corset du XVIIIᵉ siècle

Fig. 77. — Portrait par Nattier. Première partie du XVIIIᵉ siècle

avait conseillé à Mme la Dauphine de faire usage de corps aisés, qui lui soutinssent l'estomach, le ventre et les reins, pour remédier à différentes douleurs dont elle se plaignait dans les parties et qu'en effet, Mme la Dauphine en avait

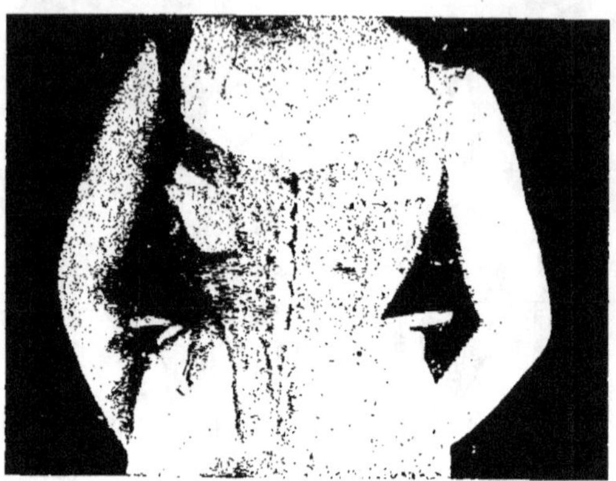

Fig. 78. — Corset xvııı° siècle présentant des ouvertures au niveau des seins

été considérablement soulagée, en ayant fait usage ; j'ai travaillé sur les moyens d'entrer dans les vûes de ce célè-

Fig. 79. — Fragment d'après Chardin.

bre médecin et je crois pouvoir avancer avec certitude que mes corps de santé ont toutes les conditions qu'il exige. Ils maintiennent la taille dans son état naturel et soutiennent l'estomach, la poitrine, le ventre et les reins dans un état si parfait, qu'aucune partie ne se trouve gênée, pas même du dessous ou du devant des bras.

Reisser, l'aîné, le « tailleur pour femmes », établi à Lyon, publia, en 1770, *L'avis important au sexe* ou *Essai sur les corps baleinés pour former et conserver la taille aux jeunes personnes.*

Fig. 80.   Robe anglaise avec une haute calèche de soie rayée 1778

Il répond avec adresse aux critiques des philosophes et des médecins de l'époque en faisant l'éloge non pas du corset, mais de son corset qui, dit-il, ne présente que des avantages.

Le corset était donc plus que jamais à la mode, il semble, cependant, qu'il y eût, à cette époque, une différence entre le corps à baleine et le corset. C'est ainsi qu'à propos de la tenue exigée, pour être présentée à la Cour et dont une femme devait respecter le protocole, on lit dans un ouvrage daté de 1773 « le jour qu'une dame est présentée à la Cour, son corps, ses bas, sa robe et son jupon doivent être noirs, mais tous les agréments sont en dentelle à réseau. Tout l'avant-bras, excepté le haut, vers la pointe de l'épaule, où le noir de la manche paraît, est entouré de deux manchettes de dentelle blanche au-dessus l'une de l'autre, jusqu'au coude. Au-dessous de la manchette d'en bas, on place un bracelet noir formé de pompons. Tout le tour du haut du corps se borde d'un tour de gorge de dentelle blanche sur lequel on met une palatine noire étroite, ornée de pompons qui descend du col et qui accompagne le devant du corps jusqu'à la ceinture. Le jupon et le corps sont aussi ornés de pompons faits avec le réseau ou de la dentelle d'or. Le lendemain du jour de la présentation. on se pare d'un habit semblable au premier, excepté que tout ce qui était noir se change en étoffe de couleur ou d'or.

Fig. 81. — Robe en chemise. — Février 1786.

Lorsqu'une dame ne peut point endurer un corps, il lui est permis de mettre un corset et par dessus une mantille. »

Ainsi l'étiquette consacrait la torture du corset baleiné qui se confond de plus en plus avec le corset ; c'est que le corset était un vêtement indispensable même lorsque la femme se vêtait en négligé de la polonaise, du caraco ou de la lévite.

Toutefois, d'après la citation qui précède, il y a lieu de penser que le corset était un diminutif du corps à baleine et qu'il était constitué par un corsage d'étoffe plus ou moins résistante, et plus ou moins légèrement baleinée; cet appareil devait être une sorte de corps à baleine de repos, si toutefois ces mots peuvent être accolés l'un à l'autre.

Pendant le règne mouvementé de Louis XVI (1774-1789), dit Racinet, les modes françaises, sans compter leur mille nuances, passèrent par trois grandes phases fort distinctes. La première période offre l'excès d'un luxe, d'une frivolité, d'une extravagance qui furent comme l'explosion finale du carnaval commencé avec les dominos de la régence. C'est le temps des hautes coiffures. La seconde phase fut la révolution de la simplicité ; les femmes s'éprenant des batistes et des linons, parurent en « robes en chemise », en déshabillés appelés pierrots, avec la camisole en

Fig. 82. — Redingote de dame en septembre 1786

colinette, la chevelure à l'enfant, poudrée au naturel; la troisième période se caractérise par l'invasion des modes anglaises et américaines qui firent prendre aux femmes des robes en redingotes, des gilets, des chapeaux d'hommes, en même temps que, badine en main, elle affectaient la tournure masculine.

Le goût de Marie-Antoinette pour la campagne fut l'origine de nos saisons de villégiature entrées aujourd'hui dans les habitudes non seulement des classes élevées, mais aussi dans celle des bourgeois ou des employés aisés.

Cette sincérité de Marie-Antoinette pour son hameau de Trianon influença fort la mode et le maintien adoptés par les femmes de cette époque.

« Le moelleux est la marque de la femme qui devient alors folle de champêtre. Le moelleux était, en réalité, beaucoup plus dans l'attitude que dans la mode de l'habit même et que dans l'éducation qui formait la demoiselle. »

Ce moelleux n'atteignit pas jusqu'aux dessous, et n'effleura même pas le corset, car la dame en déshabillé voulant avoir une taille svelte, déliée, continuait à se serrer autant que possible dans le corps de la mise ancienne, en s'amincissant encore la taille avec excès. La jupe écourtée de la paysanne, qui a besoin d'être alerte, était avantageuse pour montrer dans sa mule légère, la mule faite pour être lancée du haut des escarpolettes, le joli et leste pied du xviiie siècle, le pied éduqué formé dès l'enfance par le maître de danse : Formez vos pas, — car pour séduire, — il faut écrire — avec ses pieds. (*Cabinet des modes* 1788).

J'accompagne ces quelques lignes sur le règne de Louis XVI, de trois figures correspondant aux trois époques indiquées plus haut ; sur toutes trois, l'on voit nettement que le corset serré impose sa contrainte à la femme qui, de toute la mise ancienne, n'a conservé que le corps plus ou moins modifié.

Le corset ne jouissait pas alors en Autriche de la faveur impériale et l'Empereur Joseph II (1765-1790), fils de Marie-Thérèse, essaya, sur les conseils de son médecin, d'interdire l'usage du corset dans ses États par un décret applicable aux orphelinats, couvents et institutions de son empire. Pour le rendre odieux aux femmes honnêtes, il obligea les reprises de justice à le porter pendant toute la durée de leur peine.

Rien n'y fit, le corset abandonné un instant reprit bientôt au grand mécontentement du souverain.

En France, on fit aussi à cette époque campagne contre le corset, campagne qui eut pour résultat de rendre les corsets plus flexibles en diminuant le nombre des baleines et la longueur du busc. « Les tailleurs de corps, dit l'abbé Joubert (1773) faisaient des corsets blancs sans baleines et à deux buscs. »

Il faut aussi reconnaître avec Bouvier que l'art du tailleur de corps s'était singulièrement perfectionné au xviiie siècle. On avait corrigé les grossiers défauts des premiers corps de baleine; on les avait modifiés pour les femmes grosses, de manière à moins entraver le développement du fœtus ; il y en avait d'autres qu'on portait après

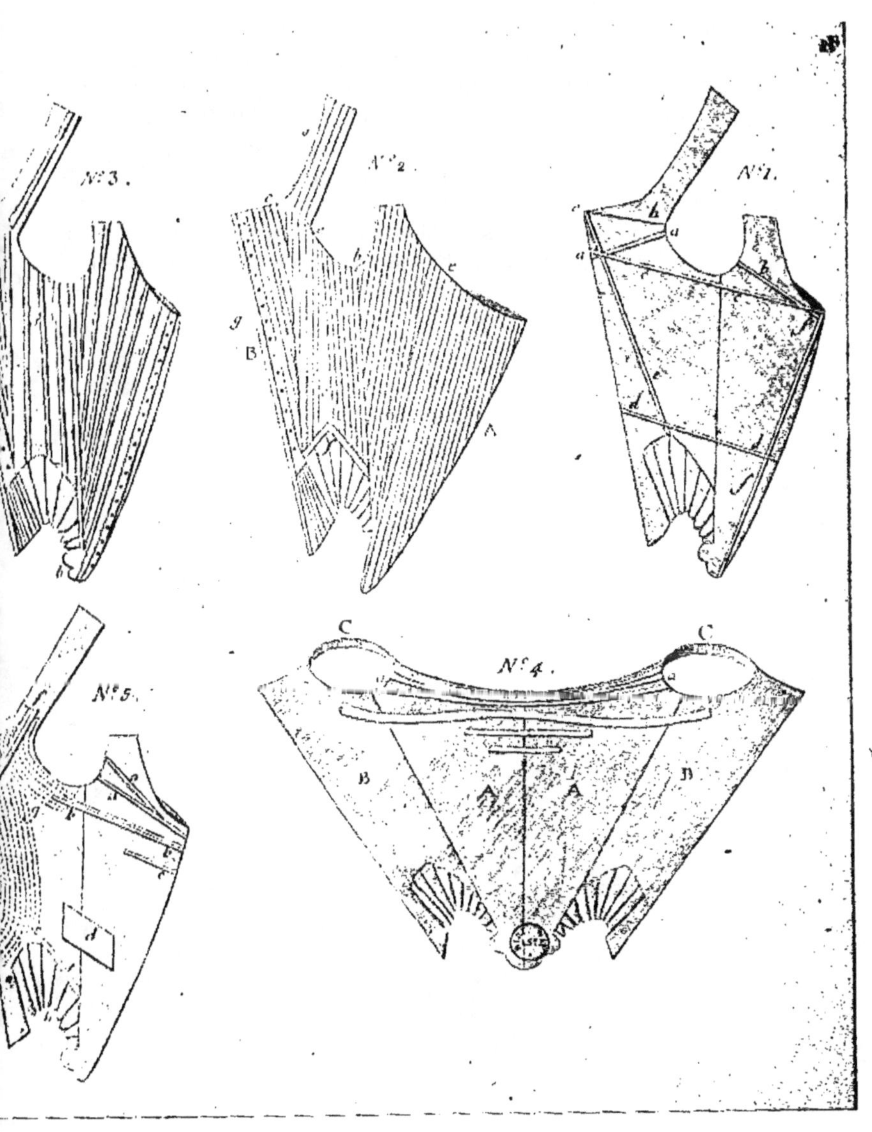

PATRONS DE CORSETS LOUIS XV (1re planche).

les couches, on en faisait de particuliers pour monter à cheval ; enfin on imagina les corsets sans baleines afin de laisser aux femmes la faculté de se débarrasser de temps en temps de leur dure cuirasse. A la longue artistes et savants, tailleurs de corps et hygiénistes fussent parvenus par de raisonnables concessions, à s'entendre pour une sage réforme de l'habillement du beau sexe. Un épouvantable cataclysme ne leur en laissa pas le temps. La Révolution française renversant, bouleversant tout, balaya aussi les usages, les mœurs, l'élégance de ce qu'on appelait l'ancien régime et emporta du même coup les corps à baleines avec les paniers, l'habit français, la poudre et les perruques. (Bouvier-Poiseville.)

CHAPITRE VIII

La Révolution avait tout submergé, traditions, mœurs, langage, trône, autels, modes et manières ; mais la légèreté spéciale au peuple français surnageait au-dessus de tant de ruines : l'esprit d'insouciance, de forfanterie, d'à propos, cet immortel esprit frondeur et rieur, fonds précieux du caractère national reparaissait au lendemain de la tourmente plus alerte, plus vivace, plus indomptable encore qu'autrefois. Comme il ne restait rien du passé et qu'on ne pouvait improviser en un jour une société avec des convenances, des usages, des vêtements entièrement

Fig. 83. — 1791.

Fig. 84. — 1790.

inédits, on emprunta le tout à l'histoire ancienne et aux nations disparues : chacun s'affubla, se grima, « jargonna » à sa guise : ce fut un travestissement général, un carnaval sans limites, une orgie sans fin et sans raison. On ne peut regarder aujourd'hui cette époque dans son ensemble et dans les menus détails de son libertinage, sans croire à une immense mystification, à une colossale caricature composée par quelque humouriste de l'école de Hogarth ou de Rowlandson. (Octave Uzanne.)

La tournure du costume des femmes resta toutefois jusqu'en 1794 ce qu'elle était dès 1790. Le buste continue à

s'allonger comme alors sous la compression d'un corps
baleiné. Les manches étroites de la robe descendent jusqu'au poignet. Les postiches rejettent encore en arrière le
développement de la jupe, tandis que le vaste fichu en linon,
le fichu menteur, engonçant le cou, amplifiant la poitrine,
se projette de plus en plus en avant. La physionomie de ce
costume disparut presque tout à coup. Sauf, en effet, l'ar-
rangement de la chevelure, on ne retrouve plus en 1796 ni
le corps baleiné, ni le buste allongé, ni la robe juste. (Racinet.)

Cette révolution dans le costume des femmes fut, ajoute
Racinet, le triomphe des efforts des médecins de la dernière partie du siècle. C'était, en réalité, une réforme tardive,
poursuivie par eux avec tant d'insistance et de force que
des corps constitués leur avaient prêté leur concours et
que l'on vit des instituts comme celui de Schnepfental pro-
poser des prix pour ceux qui éclairciraient la question. Or,
la réponse publiée en 1788 avait dès cette époque dessillé les
yeux du public.

La raison et la mode ne marchent guère de conserve
pendant longtemps. A ce costume aisé, dont la ceinture
était placée à une hauteur normale succèda bientôt la robe
collante dont la ceinture fut remontée sous le sein et la
coiffure empruntée à la statuaire antique.

La réaction contre tout ce qui pouvait rappeler l'ancien
régime aggrava cette antiquomanie. Et si après le 9 ther-
midor (27 juillet 1794) le luxe reparut, il n'en est pas moins
vrai que se firent jour alors toutes les excentricités des
merveilleuses et des incroyables. « Les modes régentées
par les dames françaises émigrées à Londres revinrent
sur le continent après avoir été accommodées à l'opulence
anglaise. » L'antiquomanie se combina avec l'anglomanie :
ce fut la mode.

La chute du trône abolit toute décence. A quelques exceptions, dit Mme de Genlis, les femmes s'habillèrent en
Vénus de Médicis : les hommes les tutoyèrent, ce qui était
fort naturel. Dans ces costumes transparents, on vit rare-
ment des grecques, mais on ne vit plus des françaises ;
toutes les grâces qui les avaient caractérisées jusque là les
abandonnèrent avec la pudeur.

« Pendant le régime de la Terreur, quelques artistes,
David à leur tête, avaient déjà préconisé le costume grec
et le costume romain, comme les deux types que les hommes et les femmes devaient s'appliquer à imiter et à reproduire dans la République française. Le costume romain
convenait mieux aux femmes grasses, qui par leurs for-

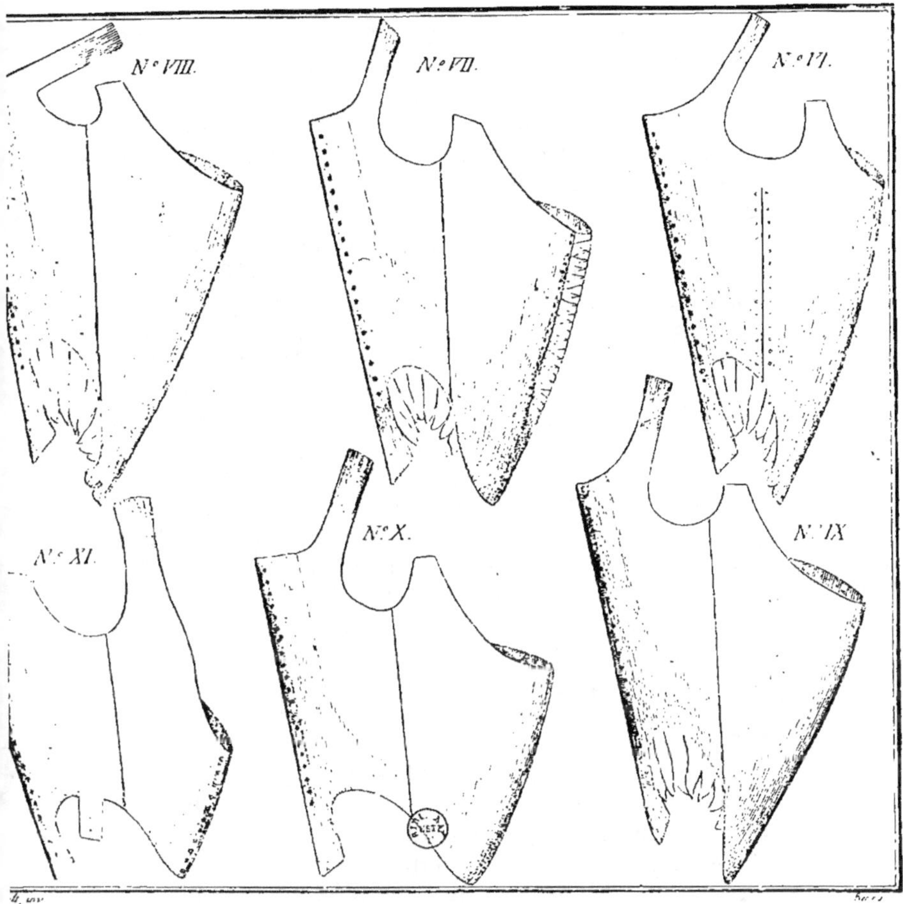

Patrons de corsets Louis XV (2e planche)

mes opulentes, se rapprochaient plutôt des matrones de
Rome ; l'autre costume appartenait de droit aux femmes
plus jeunes, sveltes et bien faites, ayant une taille élégante
et n'ayant rien à redouter des indiscrétions d'un costume
léger. »

Le Directoire 1795-1799 a été l'âge d'or du nu « la robe
se retire peu à peu de la gorge ».

> Le diamant seul doit parer
> Des attraits que blesse la laine.

« Le retour à l'antique, propagé par l'école de David, ra-
mène le nu dans le costume comme dans les arts : on
montre la nature sous la gaze la plus fine et la plus transparente. »

Dans l'audace même du nu, écrit de Goncourt, il y a des audaces : un décadi soir de l'an V (1796-1797) deux femmes se promènent aux Champs-Elysées, nues, dans un fourreau de gaze ; une autre s'y montre les seins entièrement découverts. A cet excès d'impudicité plastique, les huées éclatent ; on reconduit dans les brocards et les apostrophes mérités, jusqu'à leurs voitures, ces Grecques en costume de statues. » Leroy a fixé cette scène sur la toile et ce tableau qui a figuré au Salon de 1875 a été offert au musée de Nantes par le docteur Gosset.

Quicherat pense que ces deux audacieuses exhibitionnistes étaient Mme Hamelin, femme de l'officier de marine bien connu et une de ses amies.

Se rappelant peut-être que les Grecques et les Romaines ont porté longtemps des cyclœ transparentes, des laconicœ que Varron appelle *vitreas togas*, des robes de verre, la marquise de Créqui écrivait parlant des femmes du Directoire : Figurez-vous que toutes ces Grecques de la rue Vivienne n'étaient vêtues que d'une chemise de percale et d'une robe de mousseline sans manches avec toute la gorge et les épaules au grand air. Cette robe à l'antique et sans ampleur était serrée sur la taille immédiatement au-dessous de la poitrine avec un galon de laine rouge... Les jambes étaient toutes nues... Quant aux poches il n'y fallait pas songer avec un pareil vêtement qui n'était composé que d'une mousseline collée sur les flancs.

La grécomanie était donc à l'ordre du jour, on délibérait sur le costume à la sauvage de Mme Tallien et sur la tunique de gaze de Mme Hamelin.

Le corset devint une superfluité comme l'indique la chanson de Despreaux sur les modes du Directoire (Dr Witkowski) :

<pre>
Grâce à la mode
On n'a plus d'corset (bis).
Ah ! qu'c'est commode,
On n'a plus d'corset
C'est plus tôt fait !
Grâce à la mode
On n'a rien d'caché (bis).
Ah ! qu'c'est commode !
J'en suis fâché !
Grâce à la mode
Un' chemise suffit (bis)
Ah ! qu'c'est commode !
Un' chemise suffit
C'est tout profit !
</pre>

Cette disparition n'était pas absolue, c'est ainsi que d'après une estampe « Les Héroïnes d'aujourd'hui », où sont représentées deux merveilleuses, je puis montrer ce qu'était le corset à l'époque du Directoire.

Le sujet reproduit (fig. 86) est vêtu « d'une tunique antique aux bords garnis de broderies avec des glands aux
coins ; deux broches relient sur les épaules les deux parties de ce vêtement de la famille de l'hémidiploïdion. Les
seins reposent sur une large ceinture, la zona, dont les
bords supérieurs épousent par devant les formes qu'ils ont
à soutenir... »

Bientôt on supprime la chemise qui « déparait la taille
et s'arrangeait gauchement; un buste bien fait perdait de
sa grâce et de sa précision par les plis ondulants et mala-
droits de ce vêtement antique. »

Cette mode qui apparaît en octobre 1798 et persiste une
partie de l'hiver, fit de nombreuses victimes. « Les médecins s'évertuaient à répéter sur tous les tons que le climat
de France, si tempéré qu'il soit, ne comportait cependant

Fig. 85. — 1797   Fig. 86
La folie du jour. — La danse   Directoire. — Tunique antique.

pas la légèreté des costumes de l'ancienne Grèce, mais on
ne se souciait nullement des conseils des Hippocrates, et
l'on croit sans peine le Dr Desessarts qui, à cette époque
affirme « avoir vu mourir plus de jeunes filles depuis le

système des nudités gazées que dans les quarantes années
précédentes. »

dit un poète contemporain.

« En dépit du froid, les courageuses françaises allaient
à la promenade les bras à peine couverts, la gorge entr'ouverte... elles bravaient la camarde pour le plaisir et la
galanterie. »

Nos jeunes femmes, écrit Mme de Genlis dans une critique de la toilette des « Merveilleuses, » au Longchamp de
1797, ne veulent plus porter maintenant qu'une simple
mousseline bien claire et sans apprêt. Avant tout, les vêtements d'aujourd'hui doivent ressembler à du linge
mouillé, afin de coller plus parfaitement sur la peau. J'es-
père qu'incessamment elles se montreront en sortant du
bain, afin de dessiner encore mieux les formes.

« Les femmes, dit Mercier, l'auteur du *Tableau de Paris*,
ont adopté le costume grec, les bras nus, le sein découvert,
les pieds chaussés avec des sandales. « Il y a longtemps
que la chemise est bannie, car elle ne sert qu'à gâter les
contours de la nature ; d'ailleurs c'est un attirail incom-
mode et le corset de tricot de soie couleur de chair qui colle
sur la taille ne laisse plus deviner mais apercevoir tous
les charmes secrets. »

La mode des « Sans Chemise » fut il est vrai de courte
durée, car Mme Hamelin fit bientôt annoncer par un journal qu'elle s'était décidée à remettre ses chemises.

Les femmes du Directoire n'avaient, il faut bien le dire,
aucune des délicatesses et des grâces alanguies que nous
leur prêtons par mirage d'imagination, aucun de ces charmes amenuisés et anémiés, qui constituèrent, par la suite,
ce qu'on nomma la distinction. Presque toutes furent des
luronnes, des gaillardes masculinisées, fortes sur le propos, à l'embonpoint débordant, véritables tétonnières, à
gros appétit, à gourmandise gloutonne, dominées exclusivement par leur sens, bien qu'elles affectassent des pâ-
moisons soudaines ou de mensongères migraines. Il fallait les voir après le concert se ruer au souper, dévorer
dinde, perdrix froide, truffes et pâtés d'anchois par bou-
chées démesurées, boire vins et liqueurs, manger, en un
mot, selon un pamphlétaire, pour le rentier, pour le sol-
dat, pour le commis, pour chaque employé de la République. Ne leur fallait-il point se faire un coffre solide pour
résister au fluxions de poitrine qui guettaient à la sortie

ces nymphes dénudées ? Les vents coulis d'hiver auraient vite eu raison d'une robe de linon ou d'une friponne tunique au lever de l'aurore si une suralimentation ne les eut préservées. (O. Uzanne.)

L'époque du Directoire fut l'époque de la grande vogue pour les seins postiches, toutes les femmes voulant et devant être décolletées, mais toutes n'ayant pas de quoi meubler leur corsage.

Cette mode, du reste, n'était pas nouvelle, car de tous temps les femmes dépourvues de charmes mammaires ont eu recours à des artifices de toilette. Ovide conseillait déjà l'emploi de ces enveloppes ingénieuses qui arrondissent la poitrine et lui prêtent ce qui lui manque.

Eustache Deschamps, huissier d'armes de Charles VI dans sa diatribe contre le sexe « vilain » le *Mirouer du mariaige* indique la manière de fabriquer des appas à celles qui en sont dépourvues. Sous Charles VII, les déshéritées de la nature faisaient usage de poches rembourrées, cousues à la chemise. (Dr Witkowski).

La nature et la forme des seins artificiels sont variés ; les couturières ont l'habitude de les désigner sous le nom du fabricant des « Berjingeon », ou des « ronds Broustons ». Les petites bourses se contentent de coussins ovalaires ou rectangulaires rembourrés, que l'on coud à l'intérieur du gousset ; ils sont reliés par une tresse qui permet de les suspendre au même clou a l'état de repos. Mais ces édredons minuscules sont bien chauds en été et les plus fortunées préfèrent les « fausses gorges », en fils de laitons, reliés par un tissu léger en treillis et agrémentés d'une ruche décorative en guipure. Ces postiches ont, en outre, l'avantage d'être élastiques à la pression et au toucher des amateurs, l'illusion est complète. On emploie aussi les « faux avantages » en caoutchouc plein ou creux, que l'on gonfle suivant le degré de proéminence désiré. Victor Tissot, dans *Vienne et la Vie Viennoise*, signale un des inconvénients de ces appas factices et conte malicieusement la mésaventure arrivée à une Viennoise qui se faisait remarquer par l'opulence de ses formes ; en épinglant une rose à son corsage, elle creva la doublure en caoutchouc, dont le gonflement automatique remplace les charmes absents. Cet accident ne serait pas arrivé si la Viennoise eut connu l'annonce suivante: « Corsets pneumatiques, en caoutchouc creux, se gonflant à volonté, garantis increvables, même sous les plus fortes pressions ».

A l'Exposition du Travail en 1885 se trouvait dans une

vitrine de corsetière, le mammif « sein s'adaptant au corset et se gonflant à volonté ».

Le *nec plus ultra* de ce genre de postiches, le dernier cri est l'idéal plastron qui bombe suivant les goûts par tension ou relâchement d'une dizaine de sangles dissimulées à la face postérieure de la combinaison. Ce mécanisme réunit les qualités requises par les plus exigeantes : légèreté, élasticité ou hémisphéricité ; c'est du moins le prospectus qui l'affirme. (Dr Witkowski).

Fig. 87. — Les suppléans.

En 1788, dit la marquise de Créqui, les Parisiennes avaient recours à des artifices moins compliqués : « Les jeunes femmes étaient misérablement habillées en fourreau de linon de toile de Perse ou de petites soieries mesquines ; fichu de mousseline empesée qui grimpait raidement jusqu'au milieu des joues et qui leur simulait par de gros plis sur la poitrine une sorte de protubérance exorbitante. »

La suppression de ces « mouchoirs ridiculement gonflés, qui récèlent les charmes les plus agréables de la femme », fut proposée par la société des Arts, comme contraire à

l'esthétique. Cette mode était vertement critiquée dans la
Décade philosophique. « Ce sont sans doute des nourrices ; voyez comme leurs seins se projettent ! Non, ce sont
de très jeunes personnes qui cherchent des maris : toutes
ont l'air de faire ainsi gonfler les plis de leurs robes ».
(Dr Quercy, la *Pathologie de la Révolution*).

Sous le Directoire, ces seins postiches qui font fureur
s'appellent des « suppléans ». Leur mode persista pendant
le Consulat. La gravure de l'époque ici reproduite est
accompagnée de cette légende :

LE MARCHAND

(Air : *On compterait les diamans*).

Ils sont au juste de cent francs:
A moins, je ne puis vous les vendre.
J'en fais tant que, depuis longtems,
Je ne sais à quelle entendre
Fermeté, blancheur, rondeur,
Ils ont ce qui manque à mille autres,
Ils vous feront bien plus d'honneur,
Que ne vous en ont fait les vôtres.

LA DAME

Même air).

Oui, pour ce genre, j'en conviens,
Vous avez la main sans pareille,
Car ces deux-ci que je retiens
Sans doute m'iront à merveille.
Avec surprise mon mari,
Ce soir verra leur attitude
Mais avec moi, ce tendre ami,
Des suppléans a l'habitude.

C'est l'anglomanie qui corrigea l'audace des merveilleuses que leurs excentricités avaient fait appeler, des
impossibles, en leur apportant des vêtements qui les couvrent au lieu de les découvrir, de véritables châles qui
n'étaient plus des écharpes, des redingotes et des spencers
(Racinet.)

Les modes furent si changeantes de 1795 à 1799 que
Mercier lui-même disait :

« Il y a peu de jours, la taille des femmes illustres se
dessinait en cœur: actuellement celle des corsets se termine en ailes de papillons dont le sexe semble vouloir en
tout se rapprocher et qu'il prend le plus souvent pour modèle. »

Ainsi, à l'époque même où le corset semblait banni du
costume féminin, les femmes disposaient encore leur vêtements de telle façon que leur taille fut serrée et comprimée!

Pendant le Consulat, cette forme gouvernementale qui au 18 brumaire (19 novembre 1799) succèda au Directoire, « les révolutions perpétuelles des modes étaient tempérées par la liberté que chaque femme s'attribuait de choisir la toilette qui lui seyait ou lui convenait le mieux.

Pujoulx raconte dans son *Paris à la fin du dix-huitième siècle* (1801) que le même salon lui avait offert à la fois trois femmes habillées, ou plutôt costumées comme en carnaval à la grecque, à la turque, et à l'anglaise; « je suis bien aise de faire observer, dit-il en terminant, que ces trois êtres amphibies franco-turco-anglico-grecs étaient des françaises. »

CHAPITRE IX

A l'époque du Consulat (1799-1801), le corset ou le corsage serré faisant fonction de corset n'était donc pas, comme on pourrait le croire, banni du costume féminin, témoin ces deux citations : l'une de Mme d'Abrantès qui rapporte avoir vu dans un bal de l'année 1800 une femme portant « un corset bleu de velours ou de satin, la jupe en crêpe blanc sur une mousseline blanche, bordée de deux rouleaux de ruban... » l'autre de la Mésangère qui fait tenir à un couturier à la mode et à une provinciale le dialogue suivant : « Citoyen, j'arrive de mon département. Indiquez-moi la mode afin que je m'y conforme.—Madame, c'est fort aisé en deux minutes je vais vous y mettre, si vous le voulez. — Très volontiers. — Otez-moi ce bonnet. — Le voilà. — Otez-moi ce jupon. — C'est fait. — Otez-moi ces poches. —. Les voici. — Otez-moi ce fichu, ce corset, ces manches ! — Est-ce assez. — Oui, Madame, vous voici actuellement à la mode et vous voyez que ce n'est pas bien difficile, il suffit de se déshabiller. »

Sous le Consulat, les corsages sont toujours très échancrés ; on exhibe alors des « appas grenadiers ». Le décolletage est tellement exagéré en l'an VIII et IX qu'on imagine le fichu en X qui gaze sans rien cacher » ; aussi les rigueurs de l'hiver font-elles de nombreuses victimes : « roses moissonnées avant d'être épanouies. » Mme de Noailles, morte à dix-neuf ans au sortir d'un bal ; Mlle de Juigné à dix-huit ; Mlle Chaptal, à seize ; la princesse Tufaïkis morte à dix-sept ans à Saint-Pétersbourg. Dans le cimetière de Vaugirard, on lit encore cette épitaphe :

22 Décembre 1802
LOUISE LEFEBVRE
âgée de 23 ans
Victime de la mode meurtrière
Et rose elle vécut ce que vivent les roses.

A combien d'autres jeunes imprudentes pourrait-on appliquer ce vers de l'ode fameuse de Malherbe à Dupérier, sur la mort de sa fille! (Dr Witkowski.)

Ces détails qui semblent nous éloigner de l'histoire proprement dite du corset ne sont nullement inutiles à la rédaction de ce travail, je montrerai leur valeur au cours de la deuxième partie de ce travail : *Le Corset, étude médicale et physiologique.*

114

Au début de cette période, le corset était peu en honneur, je n'en veux pour preuve que l'*Hygie*, poème en six chants et en vers familiers de huit syllabes du Dʳ J. Terre. De ce poème imprimé en 1807, j'extrais les vers suivants :

L'usage des corps de baleine
Enfin a cessé pour jamais.
Ces liens mettaient à la gêne
Le corps serré par des lacets;
Aux beaux jours de l'adolescence,
Empêchaient les accroissemens
Qu'une belle dès son enfance,
Promettait d'avoir à quinze ans;
Lorsque l'esprit philosophique,
Frondant les dangereux travers
De toute mode tyrannique,
Apprit enfin à l'univers
Que de la femme, la structure
Un jour doit se développer.
Quand la prévoyante nature
Lui commandera d'enfanter.
Aussi les skires, la chlorose,
Sont bien moins communs de nos jours;
Teint vermeil de lys et de rose
Se rencontre presque toujours
Sur ces intéressans visages
Qui comptant à peine seize ans
N'ont pas de ces cruels usages
Senti les inconvénients.

Fig. 88. — Allons, serrez plus ! d'après Rowlandson 1791.

Et Napoléon n'aurait-il pas dit à Corvisart, en parlant du corset : « Ce vêtement est d'une coquetterie de mauvais goût. Il meurtrit les femmes et maltraite leur progéniture. Il n'annonce que des goûts frivoles et me fait pressentir une décadence prochaine. » Ce qui n'empêchera pas l'impératrice Marie-Louise de dissimuler sous un corset un embonpoint naissant.

Cet ostracisme était loin, en effet, d'être absolu, il suffit pour s'en convaincre de rappeler que c'est pendant les premières années du XIXe siècle que parurent les corsets dits : à la paresseuse, à l'humanité ; le corset à poulies renouvelé du corset à combinaison inventé avant 1789 par la célèbre modiste Beaulard pour dissimuler les grossesses ; et que c'est à cette époque que fut employé le corset élastique, ceinture d'apparence orthopédique que l'on portait sur la chemise transparente.

Déjà à cette époque les inventeurs ne chômaient pas et l'année 1803 donne le jour à un corset spécial de Moreau de la Sarthe. Ce corset était construit de telle façon, qu'un ressort maintenait les seins écartés. « Dans la suite, on se contenta de petits tampons d'ouate interposés pour empêcher la réunion des seins volumineux ; pendant la durée du premier Empire, en effet, bien que la taille remontât haut, les robes mettaient à nu la gorge refoulée sous le menton par la ceinture qui passait sous les aisselles. Quant

Fig. 89. — Corset élastique (d'après la *Vie Parisienne*).

aux professionnelles, elles continuaient comme devant, à exhiber en public, à la promenade ou en boutique, leurs attraits provocants. »

En 1810, les corsets à lacets ont repris tous leurs droits surtout pour réprimer les tailles exubérantes, comme le démontre l'amusante caricature qui suit. Bientôt toutes les femmes en portent et se serrent à l'envie ; c'est une véritable « fureur ».

Fig. 90. — Corset de Moreau de la Sarthe (1803)

Les élégantes adoptent le corset dit à la « Ninon », dont le busc seul maintenait la rigidité ; peu après les baleines reparaissent.

Fig. 91. — Effets merveilleux des lacets (1807)

« Vers la fin du premier Empire, les corsets étaient devenus presque aussi courts du bas que du haut. Le busc arrivait à peine au-dessus de l'ombilic, le bord inférieur, échancré suivant le contour supérieur de la hanche, se prolongeait en arrière jusqu'au milieu des reins sur lesquels il était maintenu par les baleines des œillets ; en haut les goussets arrivaient au tiers de la poitrine qui se trouvait cependant soutenue par un baleinage serré à la fois souple et résistant ; des baleines obliquement placées de bas en haut et de dedans en dehors maintenant l'écartement des seins, reçurent le nom de « divorces ».

Fig. 92. — La fureur des corsets (1809)

Un porteur d'eau lace une cuisinière avec un billion. — Le vieux mari se sert de ses lunettes pour lacer sa jeune femme. — L'amant emploie l'amour pour lacer son amie. — Un jeune jockey lace sa vieille maîtresse bossue.

Sur les côtés, le corset n'avait guère plus de 10 à 12 centimètres de hauteur et portait un montant vertical très simple composé de baleines minces et étroites. Un auteur nou apprend que Lacroix, dont la renommée était universelle, ajoutait au corset un petit coussin, recouvert de taffetas

Fig. 93. — Corset à la « Ninon » (1810).

blanc qui s'attachait par derrière pour donner à la taille un aspect plus cambré ; l'écrivain ajoute que les élégantes ne reculant pas devant le prix de cent francs, relativement élevé pour l'époque, accouraient en foule chez Lacroix.

Ce corsetier était l'émule du fameux Leroy, que les gazettes de la mode célébraient sur tous les tons et que l'auteur du poème : l'*Art de la Parure et de la Toilette des dames,* interpellait ainsi en 1811 :

Viens, Leroy, viens: écoute et suis mes lois
. . . . Observe chaque belle,
Que ce corset emprisonne et modèle
Les deux contours de ses naissants appas,

Tout reconnaît ta voix. ta volonté,
Pour embellir l'orgueilleuse beauté,
Comme une fée ordonne à la nature
De se plier aux lois de la parure.

Fig. 94.
L'impératrice Joséphine,
d'après le portrait de Lethière (1814).

C'est de Leroy qu'un mauvais plaisant disait : « Il a dans sa clientèle toutes les *tettes* couronnées de l'Europe. »

Le sceptique Louis XVIII (1814-1824) était un fervent admirateur des épaules blanches et étoffées, en particulier de celles de sa favorite en titre, la comtesse Zoé du Cayla, sur lesquelles il aspirait avec volupté sa prise de tabac, comme il l'aurait fait dans le « cœur d'une rose », dit M. de Vitrolles ; aussi pour accentuer encore par l'exiguité de la taille l'opulence d'un décolletage savant, on ne craignait pas de serrer son corset outre mesure. Cette tendance s'accentua si bien que Charles X (1824-1830) disait : « Il n'était pas rare autrefois de trouver en France des Diane, des Vénus, des Niobé ; aujourd'hui, on n'y rencontre plus que des guêpes. »

De 1815 à 1830, écrit M. Léoty, les corsets furent graduellement rallongés du haut au bas. Les goussets de gorge

Fig. 95. — Le coucher, d'après Devéria (1829).

Fig. 96. — Mode de 1830.

emboîtaient la poitrine, ceux de la hanche descendaient
très bas ; mais les montants latéraux s'arrêtaient à la han-

che. Le baleinage était résistant, l'étoffe presque toujours double, enfin le busc ordinaire long et épais.

Ce corset trop dur et trop lourd, se complétait par de larges épaulettes.

Fig. 97. — Corset ordinaire vu de dos et corset de grossesse (1830).

Il n'empêche pas toutefois les corsages fermés religieusement par un grand nombre de femmes, sous le règne du roi très chrétien Charles X, de s'émanciper d'abord avec réserve, puis avec audace sous le règne de Louis-Philippe (1830-1848), « le révolutionnaire à l'eau de rose ».

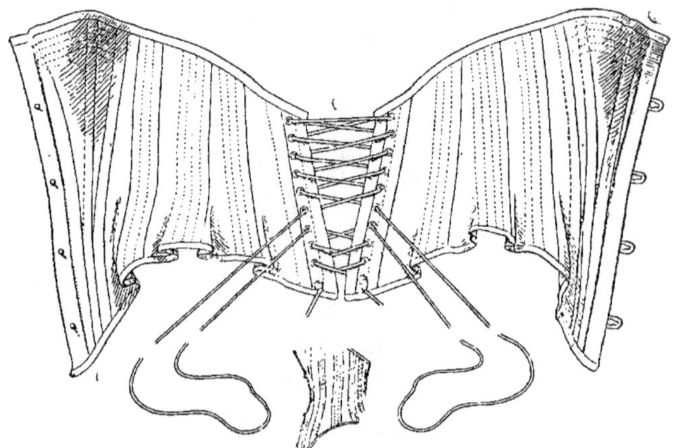

Fig. 98.

Corset de danseuse de l'Opéra, montrant le laçage à la paresseuse.

De cette époque date la réponse d'une jeune fille à qui sa mère recommandait de placer toujours avec soin son fichu sur son sein, lui disant qu'une jeune personne ne

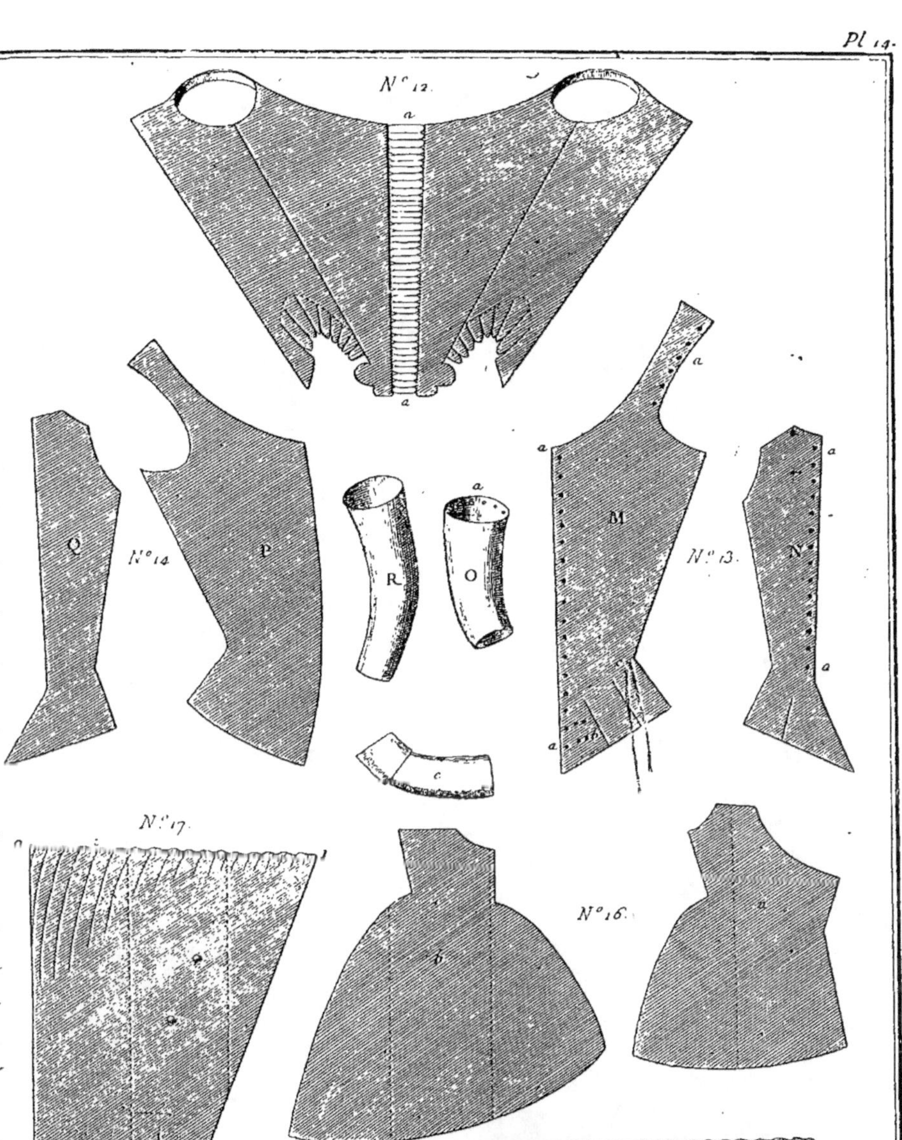

PATRONS DE CORSETS LOUIS XV (3ᵉ planche)

devait jamais se montrer la gorge découverte. — « Mais, maman, avec quoi voulez-vous donc que je me pare ? »

Cette anecdote a été souvent versifiée :

> Agnès, d'un œil content, voyait déjà paroître
> Ses jeunes et tendres appas;
> Quinze printemps l'avaient vu croître
> Et son cœur soupirait pour le jeune Lucas.
> Un jour à sa maman austère,
> Agnès parut le sein à demi-nu,
> Pourquoi n'avoir point de fichu ?
> Lui dit-elle d'un ton sévère.
> Agnès répond en soupirant tout bas,
> De beaux habits pour moi vous êtes trop avare,
> Et si je cache mes appas,
> Avec quoi voulez-vous que je me pare ?

Fig. 99. — Le lacet.

Cette période nous a laissé mieux que cette réponse topique, elle a doté le corset d'un mode de laçage que les corsetières ont conservé depuis ; je veux parler du laçage à la paresseuse.

Jusque-là pour retirer le corset, il fallait d'abord le délacer complètement et la femme ne pouvait s'habiller qu'avec l'aide d'une autre personne, tandis qu'avec ce nouveau mode de laçage la femme, sauf lorsqu'elle veut se serrer plus que de raison, n'a pas besoin d'aide pour placer comme pour enlever son corset. Toutefois cependant, avant les buscs ouverts imaginés par Nollet, le corset à la minute pouvait se délacer instantanément en tirant par en bas une de ses baleines latérales de la laçure. Vers 1877, les Brésiliennes portaient un corset à roulettes sur lesquels le lacet glissait aussitôt dénoué et qui s'ouvrait aussi rapidement (Bouvier et Pierre Bouland *in Dict. Dechambre*).

C'est aussi de cette époque, en 1832 que date l'invention des corsets faits au métier ou corsets sans couture. Jean Werly établit à Bar-le-Duc la première manufacture de corsets tissés.

Fig. 100. — Fine taille... d'après Gil Baër.

« Sous le second Empire (1852-1870), les corsets s'échancrent du haut et se raccourcissent du bas ; ils dégagent les

Fig. 101. — ... Horribles détails... d'après Gil Baër.

seins et font valoir la taille. L'impératrice Eugénie avait de trop belles épaules pour ne pas les montrer au grand jour. Les anecdotes abondent qui prouvent que les dames

de la cour ne se firent pas prier pour imiter leur souveraine. » Je n'en citerai qu'une, tirée des Mémoires de M.
Claude. Une nuit que le baron Dupin admirait à sa manière
la foule bigarrée d'un des grands bals des Tuileries, il
avisa une duchesse étrangère, au front superbe, vague-
ment entourée de flots de gaze verte, décolletée jusqu'à
l'équateur du corsage, coiffée d'algues, de perles et de
corail.

— Magnifique costume, s'écrie le pétillant procureur général ; comment l'appelez-vous, duchesse ? — Je suis

Fig. 102.— L'impératrice Eugénie (d'après Pouet).

Amphitrite, répondit-elle modestement. — A la marée
basse ! riposta le baron Dupin.

A copier leur souveraine, les élégantes créèrent la mode
de la taille dite courte. « Cette expression n'est pas exacte,
car la taille, à cette époque, différait beaucoup de celle que
l'on faisait sous le premier Empire ; les corsets que l'on
portait sous le règne de Napoléon III s'adaptaient parfaitement à la taille naturelle, c'est-à-dire au bas des côtes,
mais ils étaient très échancrés du haut et courts du bas,
ils laissaient de la sorte les épaules tombantes et, les goussets ne remontant pas la poitrine, la taille était moins
élevée. Pour distinguer cette mode de celle du premier
Empire, on devrait plutôt l'appeler la taille basse, car
elle n'avait rien de commun avec la taille courte du commencement du siècle, puisque les corsets se portaient au-

dessous dés seins et donnaient un tout autre aspect au costume d'alors. » (E. Léoty.)

Fig. 103. — Corset Léoty (1867).

Fig. 104. — Corset Léoty.

Ces lignes sont fort justes, et l'on se rangera certes à l'opinion qu'elles expriment, en comparant la femme vêtue d'un corset Léoty de 1867 à la figure représentant une héroïne du premier Empire. Celle-ci porte un zona placé certainement à la partie inférieure du tiers supérieur du thorax, celle-là porte un corset dont la partie cambrée est en rapport avec la partie inférieure du tiers inférieur du thorax.

Le busc en deux morceaux qui pouvaient s'accrocher et se décrocher à volonté était l'œuvre d'un ouvrier horloger qui l'inventa quelques années avant le second Empire.

Fig. 105. — Corset Léoty (1878).

De 1850 à 1865 ce genre de buscs s'employa, mais comme ils étaient mal faits, grossiers, mal recouverts et d'un poids de 800 à 1.200 grammes la douzaine, recouverts en peau ordinaire, mal cousus, larges de 28 m/m, ils étaient disgracieux et mal commodes.

Vers 1865 on commença à trouver des ouvriers spéciaux en buscs ; ils travaillaient chez eux, aidés par leurs femmes et leurs enfants.

En 1867, parurent des buscs plus élégants, moins larges ; on colla la peau qui garnissait l'acier ; l'intérieur fut garni de papier d'étain et de taffetas pour éviter la rouille par le contact de l'acier et de la peau.

C'est alors que de petits ouvriers, s'intitulant fabricants, commencèrent eux-mêmes à employer des ouvriers, avec pour tout outillage un découpoir pour percer les lames de buscs, un outil pour découper les agrafes et un tas pour river les boutons.

La guerre survint et ce n'est qu'à la reprise des affaires, en 1871, que l'on recommença à travailler.

« Après les événements de 1870, la mode manque d'orientation ; on tâtonne pendant deux années et vers 1873, on voit la taille longue, qui amena l'usage du corset cuirasse orné de ce fameux et hideux busc-poire qui ne servait à rien, n'aplatissait rien et donnait au corset un aspect orthopédique qui enlève toute élégance féminine. Comme il n'est pas de mode sans exagération, on allonge la taille de plus en plus et l'on arrive bientôt à avoir la taille tellement longue, que les petites femmes sont tout en buste et n'ont presque plus de jupes. »

Puis la mode varie, copiant tantôt un style, tantôt un autre, mais finalement suivant dans l'ensemble une direction nouvelle toute particulière. En effet, soit que les corsetiers eux-mêmes aient reconnu le bien-fondé de certaines protestations du corps médical au sujet du corset, soit que les femmes elles-mêmes aient suivi les indications de leurs médecins, la mode ne s'attache plus exclusivement à reconstituer tantôt une époque, tantôt une autre cherchant toujours à rendre la femme plus attrayante, elle se préoccupe non seulement de son élégance, mais encore de sa santé.

CHAPITRE X

Certes, depuis longtemps, les médecins avaient fait connaître tous les dangers que peut occasionner chez la
femme le port d'un corset ou trop serré ou mal ajusté,
toujours ils avaient protesté en vain ou à peu près. Or,
voici que depuis quelques années, leurs réclamations ré-
pandues dans des articles de journaux, des thèses, des
conférences, ont été écoutées du moins en partie, et nom-

Fig. 106. — La marchande de corsets de Déveria.

bre de fabricants ont lancé leurs corsets non plus en van-
tant ce que ces corsets avaient d'élégant, mais ce qu'ils
avaient d'hygiénique, et d'aucuns même ont accolé aux
œuvres sorties de leurs ateliers les épithètes médicales,

hygiéniques ou physiologiques les plus variées. Il faut, il
est vrai, reconnaître que souvent le corset créé par un
cerveau en mal d'invention ou par un commerçant ingénieux, ne répond parfois que très peu, parfois même nullement à ce qu'annonce l'étiquette qui couvre la marchan-
dise. Néanmoins, que le corset transformé soit véritablement plus hygiénique et s'adapte mieux aux exigences
physiologiques du corps féminin ou que le fabricant
ayant peu ou pas modifié ses modèles se croit obligé pour
mieux réussir sa vente de dénommer son corset d'une

Fig. 107.
Flatterie de corselière. — C'est juste la taille de la Vénus ! (Deveria).

appellation médicale, il n'en est pas moins vrai que dans
tous ces cas se fait sentir l'influence des conseils des médecins, quelquefois en apparence écoutés, quelquefois
réellement suivis.

C'est en raison de cette influence particulièrement accen-
tuée dans les dernières années du XIX° siècle et actuellement encore de nos jours, que je veux décrire une sixième
période de l'histoire du corset : la période médicale. Celle-ci
j'en ai ainsi que je l'ai dit, fixé arbitrairement le début vers

l'année 1880 et je vais passer maintenant en revue quelques-uns des modèles qui depuis une trentaine d'années ont été l'objet de descriptions, d'observations, de brevets, et ont donné des résultats intéressants.

Peut-être le lecteur pensera-t-il que la rédaction de l'histoire du corset pour l'époque médicale doit constituer un travail des plus simples, et qu'il suffira à l'auteur de décrire dans leur ordre d'apparition les différents modèles de corsets créés pendant cette période ; rien n'est moins exact.

Certes, je m'efforcerai comme pour l'histoire des époques précédentes de suivre autant que possible l'ordre chronologique, mais parfois je serai obligé de ne pas respecter ce mode historique, quand il me paraîtra que l'intérêt du sujet exige le rapprochement de plusieurs types de corsets ; en effet, si les documents nécessaires pour écrire l'histoire du corset de nos jours sont faciles à se procurer, leur abondance est telle que le choix à faire parmi eux est des plus délicats.

Dans le rapport de la classe 86 (Industries diverses du vêtement) de l'Exposition universelle de 1900, par M. Julien Hayem, on lit que l'industrie du corset n'a véritablement existé en France qu'à partir de 1820. C'est à cette époque que se fonde à Paris la première fabrique de corsets en gros.

La fabrication du corset sur mesure a subi des vicissitudes variées. Après avoir dépassé pendant longtemps celle des corsets confectionnés, elle a notablement diminué depuis 1867 jusqu'en 1878 pour la consommation courante. Ce résultat, qui s'est produit à Paris, disait M. Hartog, a eu pour cause unique la concentration de la vente dans les grands magasins de nouveautés. Mais les fabricants de corsets sur mesure se ressaisirent, ramenèrent la clientèle partie et conservèrent la clientèle prête à s'échapper. Le nombre des corsetières sur mesure s'est beaucoup augmenté dans ces dernières années, un fabricant des plus compétents évaluait récemment la production totale des corsets de 50 à 55 millions dont 12 à 14 millions pour les affaires d'exportation.

Jusqu'en 1828 on ne compte que deux brevets d'invention pris dans cette industrie ; de 1828 à 1848 on peut en signaler plus de soixante.

Si le rapporteur avait indiqué quel est le chiffre de brevets publiés depuis cette dernière date, jusqu'en 1904, je suis persuadé que nombre de lecteurs crieraient à l'exagération, tant est grand le nombre de corseliers ou de corsetières qui ont pris brevet pour les modèles de leur invention.

Cependant « le corset est un vêtement, d'un genre spécial il est vrai, mais c'est un vêtement et comme tel il n'est pas brevetable, et il ne l'est pas plus que les corsages de robe, les manches, etc., etc., il est même peu intelligent de restreindre ainsi ses moyens d'action étant donné, qu'une forme ne répond qu'à un très petit nombre de besoins et que la mode est vraiment trop capricieuse pour qu'une forme de corset puisse résister longtemps à ses caprices. »

Cette opinion sévère mais qui s'appuie à la fois sur une raison d'hygiène et sur une raison d'esthétique puisqu'elle envisage à la fois la conformation anatomique variable de chaque corps et le changement incessant de la mode, cette opinion, M. Léoty la développe dans une lettre ouverte adressée à M. Abadie Léotard.

« Le corset, n'est pas brevetable, c'est-à-dire que prendre un brevet pour une forme de corset est inutile étant donné que ces brevets sont souvent cassés par des jugements, jugements rendus certainement en toute conscience mais par des gens qui n'y connaissent rien.

Les brevets sont coûteux, les procès qu'ils provoquent ne le sont pas moins, la cause en est qu'en France malheureusement, on prend des brevets pour tout ce que l'on veut (la nomenclature en est même ridicule), l'on paie une redevance à l'État qui en échange ne nous donne aucune garantie, et en somme pour une chose aussi peu importante qu'une forme de corset qu'un rien peut changer, qu'une baleine de plus ou de moins peut défigurer : d'où en cas de procès, erreur de la part des juges insuffisamment éclairés.

Pour bien se rendre compte si une chose est réellement brevetable, il faudrait demander un brevet dans un pays qui n'en délivre qu'avec garantie du gouvernement, mais je crois bien ne pas me tromper, en pensant que les demandes de brevets pour une forme de corset seraient rejetées.

Mais me direz-vous comment nous garantir de cette nuée de copieurs toujours à la recherche de nos nouveautés pour les exploiter.

Je regrette et vous regretterez avec moi sans doute que l'Académie qui vient de nous doter d'un mot nouveau soit totalement obligée par compensation sans doute d'en supprimer plusieurs autres, et parmi ceux-là peut-être le mot scrupule déjà si démodé et qui ne figurera plus que comme inusité avec la définition suivante, scrupule : sentiment ridicule que ressentaient autrefois les naïfs et les imbéciles quand ils pensaient que leurs agissements pouvaient nuire au prochain. »

Ce à quoi M. Abadie Léotard répondit :

« Vous trouvez, dites-vous qu'une forme de corset n'est pas brevetable : Je suis de votre avis si nous nous entendons sur le mot forme. Deux corsets peuvent avoir la même forme et cependant combien ils peuvent différer l'un de l'autre, quant au résultat et par leur coupe et par le nombre des pièces qui les composent et la manière de les assembler. L'un des corsets pourra être une merveille de fabrication et l'autre une non-valeur. Et cependant l'un et l'autre auront la forme à la mode. »

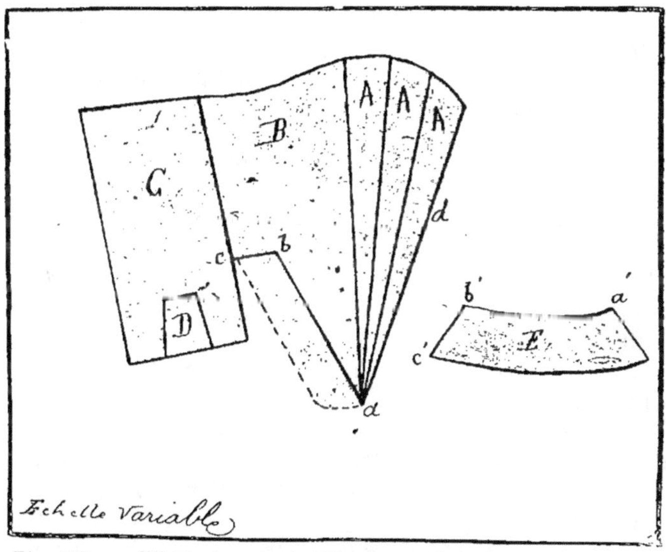

Fig. 108. — Pièces du corset Alibert rappelant la mode du règne de Louis XV

Il faut croire que tous les fabricants de corsets n'ont pas sur cette question les mêmes idées que MM. Léoty et Abadie Léotard, si j'en juge par la collection imposante de brevets que j'ai dû lire pour noter les particularités du corset pendant cette sixième période de son histoire ou période médicale.

Certes, je ne songe pas à publier tous ces brevets, mais seulement les plus curieux ; connaissant ainsi et les avis de ceux qui protestent contre le brevet et les productions de ceux qui en usent, le lecteur pourra se former une opinion en même temps qu'il apprendra à connaître quels

134

sont les types intéressants de corset pendant la période que j'ai appelée médicale.

Il reste entendu que dans cette première partie de mon livre *le Corset* qui traite seulement d'historique, je ne donne que des descriptions, l'étude critique quand il y aura lieu de la faire, étant réservée pour la deuxième partie qui traite du corset aux points de vue anatomique, physiologique et hygiénique.

La grande caractéristique du corset à la sixième époque est la suppression de la saillie abdominale réelle ou apparente qui se produisait si nettement quand la femme était vêtue d'un corset cambré qui lui serrait la taille ou qu'elle s'habillait d'un corset faux ventre, de nos jours c'est le corset droit qui triomphe.

« Une chanson de Lep Houss et Lindex : *Le Ventre en exil*, et dont les lecteurs friands de grivois trouveront le texte complet dans les éditions du *Rire*, fait allusion à cette mode prohibitive de l'embonpoint abdominal qui avantage le haut et rétrécit le bas.

> La femme, alors, supprima ses viscères,
> Plus d'appétits, surtout plus de petits...
> Ah ! sanglez bien vos entrailles de mères,
> Dans les corsets de Monsieur Léoty !

Le crayon malicieux de E. Barcet, *castigat ridendo* le même ostracisme : Une cliente se plaint à son docteur de souffrir du ventre. « — Pourquoi, répond l'homme de l'art, n'essayez-vous pas du corset à la mode ? Il le supprime ! c'est plus simple ! »

Le premier corset droit fut, dit M. E. Léoty, créé par lui à l'instigation de M. Jean Worth, le grand couturier. Le premier corset droit date de 1888, il y a donc de cela exactement seize ans. Depuis il a fait son chemin difficilement peut-être pour différentes causes : la routine d'abord et ensuite la gymnastique — si je puis m'exprimer ainsi — à laquelle ont dû s'astreindre les personnes qui devaient le porter.

Il est facile de se rendre compte des efforts qu'ont dû faire les corsetières et leurs clientes en regardant les diverses transformations qu'a subies la taille des femmes pendant ces dernières années pour arriver à la ligne qui la caractérise de nos jours.

On comprendra facilement que cette transformation n'ait pu se faire de suite et qu'il ait fallu une succession de maintiens différents, je dirais presque une suite d'éducation de tenue.

« Quand j'ai fait le corset droit, je me suis inspiré des anciens modèles du xviiie siècle, corsets droits anciens.

La première difficulté fut de faire rentrer les ventres rendus trop proéminents par le port du corset trop cambré qui a fait les beaux jours d'une bonne partie du siècle dernier. Nous avons eu recours d'abord aux devants complètement baleinés, qui ressemblaient aux corsets Louis XV et quelquefois même à des rembourrages que nous étions obligés de glisser derrière le busc pour supprimer la cambrure de la taille. L'éducation de nos élégantes n'était pas alors suffisamment complète pour nous permettre comme aujourd'hui de supprimer tous ces subterfuges.

Il y a lieu d'être étonné malgré la date déjà éloignée de la première apparition du corset droit, du résultat obtenu. Il y a en effet une telle différence entre les tailles cambrées et la silhouette d'aujourd'hui, qu'il semble que plus de temps aurait dû être nécessaire pour faire de la femme un être presque différent de ce qu'elle était alors. En disant cela je ne fais aucune allusion à l'exagération qui, je l'ai déjà dit, finirait par tuer cette mode si l'on n'y prenait garde.

Les difficultés que nous avons eu à vaincre pour faire adopter cette mode se reproduisent tous les jours ; elles sont nombreuses et nous ont forcés à créer non pas un, mais dix, vingt modèles de corsets absolument différents pour répondre aux divers genres de taille que nous rencontrons journellement et leur donner à toutes, à peu près la même ligne.

J'ai déjà parlé dans un article précédent de la plus grande difficulté que nous rencontrons et qui a rapport aux personnes pourvues d'un ventre énorme et qui n'ont pas de poitrine. On voit d'ici l'affreux effet d'un busc complètement droit sur un corps semblable. Fatalement le busc pointera du bas et rentrera du haut si bien que l'on aplatira la poitrine d'une personne qui en manque déjà et que le résultat sera diamètralement opposé au but qu'il faudrait atteindre.

Nous avons surmonté cette difficulté, en descendant d'une façon qui, à première vue semble exagérée, le devant du corset presque au-dessous du ventre, au risque de raccourcir un peu la taille, pour faire disparaître autant que possible ce malencontreux ventre cause de tout le mal. Cela ne se fait pas, hélas, sans gagner quelques centimètres de plus de tour de taille.

Une autre difficulté à vaincre qui a les mêmes causes

que la précédente, est d'empêcher le corset de s'en aller
du haut toujours vers le dos ; c'est-à-dire que, quoi que
l'on fasse pour ramener la poitrine en avant et malgré
l'aisance que l'on veut donner à la poitrine, celle-ci est
toujours aplatie par le corset et le dos toujours large. Il
y a là pour les gens non initiés, un problème difficile à
résoudre. Dans ce cas, ce n'est pas la poitrine qui doit être
élargie, mais bien le dessous de bras, ceci afin de chasser
le haut du corset en avant et en s'aidant dans cette cir-
constance par le baleinage pour donner assez de largeur
à la poitrine sans agrandir trop le gousset ou les goussets du devant, qui doivent être presque réduits à néant
dans les véritables corsets droits. Il est bien entendu que
tout ceci s'applique aux corsets non aux ventrières où la
poitrine est livrée complètement à toutes ses fantaisies.

Le baleinage du devant du corset droit devra être rigide
cela se comprend et, cela n'a rien de dangereux bien au
contraire. Il est facile de se rendre compte, qu'une baleine
ferme ne rentrera pas dans la taille et par conséquent ne
pourra jamais incommoder la personne qui en fait usage. »
(E. Léoty).

Pour suivre la mode du corset droit, pour adapter celui-ci à toutes les anatomies, les fabricants de corsets ont
été obligés de créer des modèles nombreux et variés, et
tous ont voulu réaliser un corset qui ne fut pas une gêne
pour le fonctionnement des organes thoraciques, qui ne
provoquât aucune compression de la taille et qui maintînt
les viscères abdominaux.

Si la solution du problème, faire un corset élégant dont
l'usage ne soit pas dangereux pour la femme, n'a pas été
réalisée par tous avec un égal savoir ni avec un égal succès, la conviction de chaque inventeur faisant le procès
du corset de son voisin, est bien que son modèle réalise le
dernier mot du confort et de l'élégance, le lecteur en jugera
par le texte des brevets délivrés pour quelques-uns des
modèles que je vais décrire.

En juillet 1887, Mme Peeters (de Bruxelles), crée un corset élastique composé de baleines insérées dans des gaînes
séparées et reliées entre elles par des élastiques placés à
une certaine distance les uns des autres et combiné avec
une ceinture non élastique servant à serrer la taille « le
corset n'a, de rigide, dit l'auteur, que la ceinture, il s'applique donc admirablement à la forme du corps qu'il
moule sans le gêner en aucune façon et sans le comprimer
comme le font la plupart des corsets que l'on confectionne
habituellement ! »

Mme Louise Raoux en février 1888, revendique comme sa propriété et comme son invention l'application nouvelle dans les corsets de dames d'une étoffe ou tissu élastique formé de cordonnet de soie et d'élastiques (du genre de celui employé pour les bas à varices), en combinaison avec des ressorts incassables et des baleines qui ne sont que l'accessoire au lieu d'être le principal.

La poitrine et le bassin peuvent se développer librement et ce corset fait valoir la finesse de la taille dont les mouvements sont rendus plus libres.

Au mois de novembre de la même année ,apparaît une curieuse et originale invention, le corset dit à constriction spiraloïdale et que son constructeur M. Péan décrit comme il suit :

« J'ai remarqué que le corset actuel peut être assimilé à une boîte mobile dans le sens vertical emprisonnant le corps entre des bandes de baleines ou d'acier qui n'ont de flexibilité que dans le sens de leur plat et qui appliquées verticalement sur la taille enserrent rigidement cette dernière. Cette construction verticale du corset est la cause de ses inconvénients surtout dans la marche, il gêne la respiration et la circulation du sang à chaque mouvement du corps, il produit une contrainte, la disgrâce qu'il amène constitue une hérésie esthétique.

« Pour éviter ces inconvénients j'établis mon corset sous la forme d'une cage mobile dans le sens spiraloïdal enserrant agréablement la taille entre des bandes métalliques obliques qui, articulées les unes aux autres jouent avec le mouvement respiratoire, suivent le mouvement de la taille, se déplacent parallèlement à eux, quelle que soit la pose différente de la personne ; elles se tendent toujours et automatiquement au point naturel voulu. »

En 1889, de nombreux brevets, Bossé, Philip, etc., sont pris pour des corsets combinés avec des ceintures ventrières.

Le corset Garnier, en 1890, supprime d'après son créateur, les inconvénients et la fatigue dus au corset ordinaire parce qu'une ouverture a été réservée sous chaque bras, ce qui permet de resserrer plus ou moins ce vêtement au moyen d'un lacet ou de toute autre fermeture ; disposition qui est très précieuse, car elle permet d'adapter soimême à sa taille un corset confectionné, et qui est très précieuse en outre au cas d'indisposition, palpitations de cœur, maladies du foie.

Pour rendre le corset souple tout en lui laissant son

élégance, beaucoup de corsetières ont introduit dans la confection du corset le tissu caoutchouté.

Les unes ont seulement fait des goussets en caoutchouc, les autres ont introduit des bandes de caoutchouc intercalées avec des bandes de tissu ordinaires et cela en nombre variable, d'après les dispositifs variés ; d'autres enfin ont fait le corset tout en tissu caoutchouté soit avec coutures, soit sans coutures.

Fig. 109. — Corset Collomp de Lyon

Dans le corset Collomp, de Lyon, on a appliqué « un nouveau tissu élastique sur les deux côtés du corset à la place des ressorts d'acier ou des baleines qui se brisent facilement, blessent les hanches et déchirent l'étoffe du corset, c'est là un premier avantage pratique.

La bande élastique, représentée sur la figure, renferme **à la fois, trois zones de force différente :**

La première force est très faible, parce qu'elle renferme des fils de gomme très fins. — Elle est appliquée à la hauteur des gorges ; il en résulte que le corset facilite le développement de la poitrine pendant la respiration, et exerce une très faible pression sur le cœur et sur le foie.

La deuxième force est extra-forte, parce qu'elle renferme des fils de gomme extra-gros. — Elle est appliquée à la hauteur de la ceinture, afin de cambrer la taille. Les dames pourront serrer leur corset, *à volonté*, car la bande élastique est précisément très renforcée à la taille, pour empêcher le corset de s'élargir sous la forte pression du lacet.

La troisième force est moyenne, parce qu'elle renferme des fils de gomme de grosseur moyenne. — Elle est appliquée sur les hanches et ne gêne pas le développement de l'abdomen pendant la digestion. »

Ai-je besoin d'ajouter que pour l'auteur, le corset ainsi construit est non seulement hygiénique, mais encore élégant, et il n'est pas seul de son avis, si j'en crois un couplet d'une valse qui s'intitule *Valse des Corsets :*

> La femme aimable et provocante
> Suivant son rôle de charmer
> Doit choisir la forme élégante
> Avantageant, sans comprimer;
> Voyant le corset qui dessine
> Ses hanches, sa fine rondeur
> Elle est heureuse et la coquine
> Bénit « Collomp » son inventeur.

Le corset « le Rêve », créé par M. A. Claverie, est construit en un tissu élastique qui le rend très solide et très souple. La taille est prise par une bande de batiste brochée qui forme ceinture.

Cette préoccupation de ne pas serrer la taille pour ne pas comprimer les organes abdominaux se trouve bien indiquée dans le modèle de corset Sputz qui réalise le problème d'une façon un peu inattendue. Ce nouveau genre de corset est constitué par deux moitiés réunies à l'avant de la manière ordinaire, au moyen du busc de fermeture, chacune de ces deux moitiés étant divisée par une échancrure ménagée à peu près perpendiculairement au busc de fermeture en deux parties réunies à leur bord antérieur de manière que la taille se trouve libre et n'est exposée à subir aucune pression nuisible (septembre 1902.)

Si ces exemples ne suffisaient pas déjà à justifier l'épithète de médicale que j'ai donnée à la sixième période, la description du corset de mon confrère Mme le docteur Gaches-Sarraute et de ceux qui ont paru postérieurement

m'autoriseraient encore amplement à donner cette dénomination à la dernière époque de l'histoire du corset.

Mme Gaches-Sarraute grâce à ses études spéciales a pu
non seulement exposer nettement les termes du problème

Fig. 110. — Corset « Le Rêve »

à résoudre, mais encore en donner une solution raisonnée et très caractéristique.

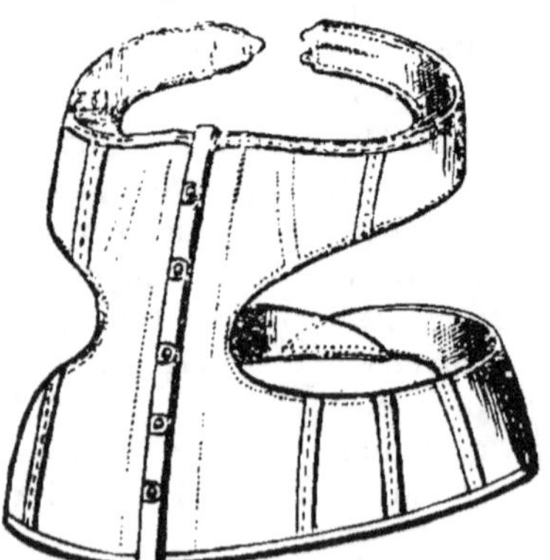

Fig. 111. — Corset Sputz.

Je conseille, dit mon confrère, d'abandonner le corset
thoracique et je propose d'adopter ce qu'on pourrait appe-

La Toilette de Soirée, par Devéria

ler un corset abdominal, c'est-à-dire un corset embrassant le bassin tout entier sans le comprimer, car la compression sera impossible. Ici, en effet, les os entourent
presque entièrement cette région ; ils sont fixes, larges,
très résistants, ils emboîtent la masse intestinale en débordant au-devant d'elle dans les cas normaux et sont
très suffisants pour la protéger.

Le plan de la ligne d'appui de l'appareil sera oblique et
incliné en avant de telle sorte que s'il existe une pression,

Fig. 112. — Femme avec corset cambré.

celle-ci se produise absolument au-dessous de tous les viscères importants, en un mot qu'elle agisse comme le font
les ceintures abdominales.

De cette façon l'estomac reprendra sa position normale
et si le corset le presse extérieurement, la pression, au
lieu de venir d'en haut et d'annuler les efforts contractiles
de l'organe, s'exercera d'en bas, s'ajoutera au contraire

à l'action de la paroi abdominale, la doublera, et en four-
nissant à l'estomac un point d'appui au niveau de sa grande courbure dans son point le plus déclive, facilitera les
contractions que cet organe exécute pour triturer, digérer
et expulser les aliments. Je prétends que si nos viscères
sont ainsi soutenus et non plus comprimés et déformés,
comme ils le sont actuellement, les fonctions digestives

Fig. 113. — Femme normale sans corset.

s'accompliront dans les meilleures conditions, l'atonie de
l'estomac et de l'intestin disparaîtra et l'accumulation des
gaz dans ces organes, la distension, la constipation enfin
ne se produiront plus qu'à de très rares exceptions et pour
des causes déterminées n'ayant rien de spécial à la femme.

Après en avoir reconnu et expérimenté tous les avantages (je reviendrai dans la deuxième partie sur l'examen
critique du modèle Gaches-Sarraute), je propose donc, dit
mon confrère, l'emploi d'un corset abdominal ne dépassant pas en haut le niveau des fausses côtes, et descen-

dant en bas jusqu'à la ceinture osseuse du bassin, il faut pour qu'il reste fixe dans cette position que la face antérieure soit rectiligne et très légèrement dirigée en arrière et en bas ; que sur les côtés, on laisse pour la hanche un vaste espace comprenant toute la largeur de la crête iliaque qui sera simplement enveloppée et conservera sa saillie. Une courbe suivant la sinuosité normale à ce niveau rattachera la pièce de la hanche à celle du thorax. Enfin, en arrière, où l'extrémité postérieure de la crête iliaque est très saillante et à peine séparée par quelques centimètres des dernières fausses côtes, on profitera de ces saillies et de la dépression intermédiaire pour fixer définitivement le corset dans la position qu'il doit occuper. La partie correspondant au dos doit être suffisamment évasée et libre de telle façon que les bords postérieurs du corset restent parallèles lorsqu'il est appliqué et que la place réservée au dos soit largement ménagée dans les pièces qui forment le corset.

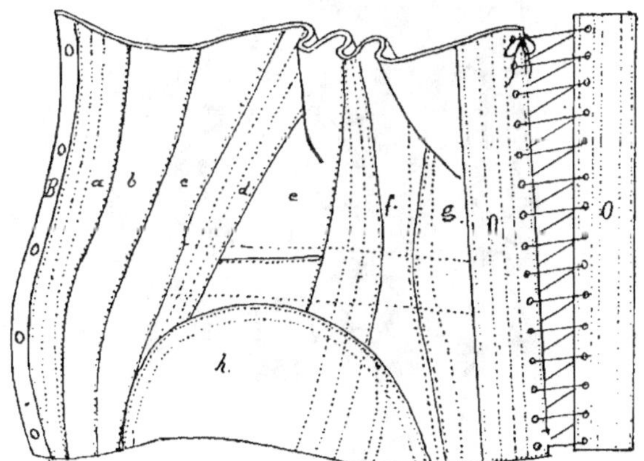

Fig. 114. — Une moitié du corset Gaches-Sarraute développé

Ce vêtement sera ajusté sur le torse presque sans écart en arrière et il épousera assez exactement la forme du corps pour pouvoir s'appliquer sans élargir le lacet.

L'armature de ce corset doit être réduite au minimum : un busc rigide en avant et quelques baleines en arrière, les hanches restant libres. Une légère brassière retiendra les seins et affirmera l'indépendance qui existe entre ces organes appliqués sur le thorax et l'estomac situé dans l'abdomen. (Ainsi se plaçaient séparément, comme je l'ai exposé, le strophium et le zona des grecques et des romaines.)

Depuis la prise du brevet Gaches-Barthélemy, c'est-à-

dire depuis le 2 avril 1895, nombreux sont les modèles qui
ont été créés dans la pensée d'être des vêtements inoffensifs
pour la femme, ou mieux d'être parfois de véritables appareils pouvant soulager la femme atteinte de certaines
affections.

Fig. 115. — Femme dont l'abdomen saillant est soutenu par un corset
Gaches-Sarraute.

Ainsi le corset Pessaud est un corset droit amincissant
la taille et ayant pour effet tout en comprimant le ventre,
selon les indications actuelles, de dégager l'estomac et
d'une façon générale la partie antérieure de la poitrine au-
dessus de la ceinture.

Ce corset présenterait en outre cet avantage, que comme
il se lace latéralement de chaque côté, il peut permettre
dans les affections du cœur en délaçant plus ou moins le
côté gauche, de laisser plus libre le fonctionnement de cet
organe.

De même, le modèle Streit de Bossy spécialement destiné
aux personnes souffrant de l'estomac, du cœur, du foie,
permettrait de maintenir complètement le rein mobile et

serait également prescrit pour les affections de l'utérus et de ses annexes.

Quant au type de corset Cleary, ce serait un véritable redresseur de torse ayant des tampons gonflables dans les parties où le torse doit être rempli.

Enfin un brevet pris au nom de M. Van Heuverzwyn-Verkendere, annonce que le corset qu'il décrit guérit à la fois l'abaissement, la descente, la chute de la matrice, protège contre toute hernie, facilite la grossesse et supprime les autres corsets destructeurs de tant de santés.

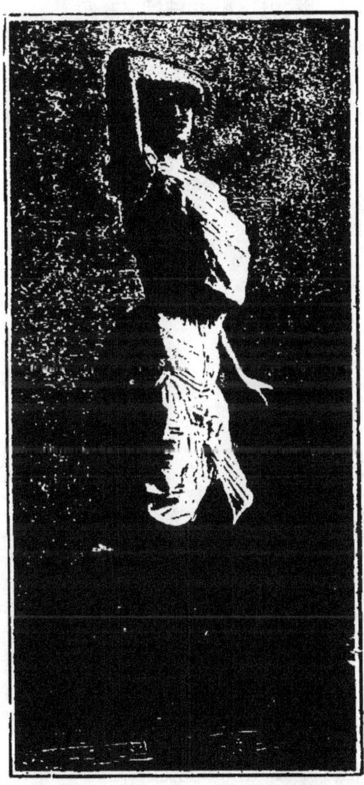

Fig. 116. — Femme normale avec le corset Gaches-Sarraute

Je crains qu'à trop vouloir prouver, les inventeurs de tant de mirifiques modèles ne prouvent rien, et je reviens à la description d'autres corsets intéressants de création récente.

En janvier 1901, Mme Vve Cadolle lance un modèle qui est la réunion dans un seul appareil du strophium et du zona des anciens ; « ce corset a pour but de laisser aux poumons et à l'estomac toute liberté de se dilater, tout en soutenant d'une manière parfaite les autres régions du thorax et de l'abdomen. »

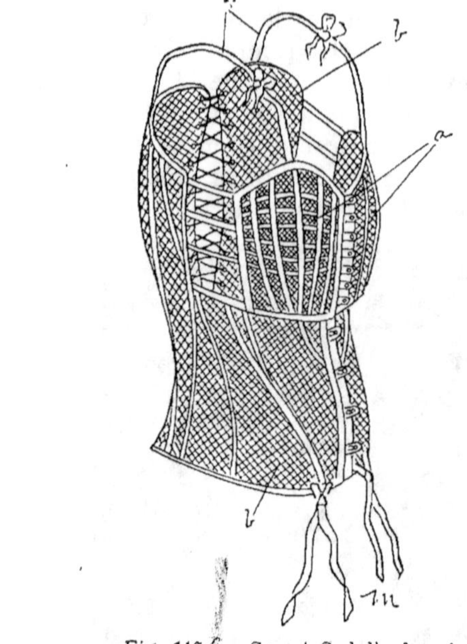

Fig. 117. — Corset Cadolle fermé

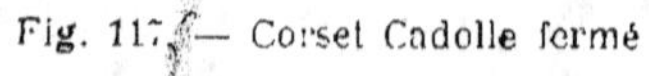

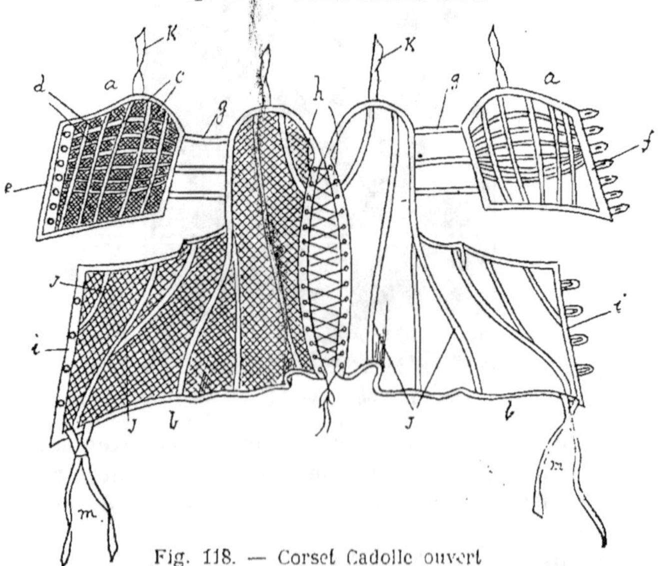

Fig. 118. — Corset Cadolle ouvert

Un autre modèle de la même corsetière constitue un corset pour femmes enceintes ou pour femmes douées d'un

embonpoint excessif ; il est caractérisé par des parties de
dos s'élevant des reins jusqu'aux épaules ; des parties
abdominales et des hanches reliées à la partie inférieure
des parties de dos, et des parties thoraciques et de goussets reliés à la partie supérieure des dites parties de dos ;

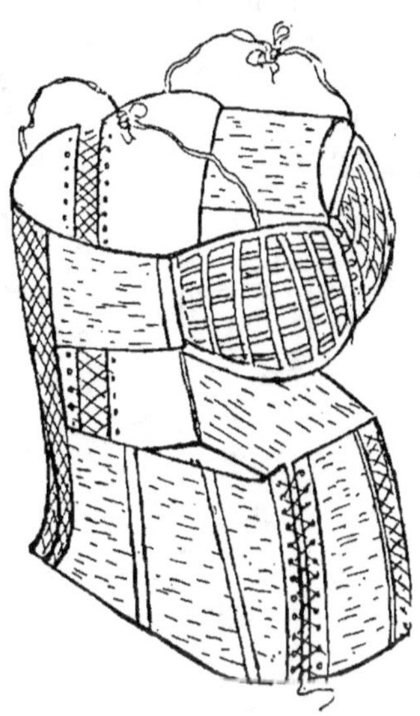

Fig. 119. — Corset-ceinture fermé.

un intervalle libre existant entre les parties abdominales
et de hanches, d'une part, et les parties thoraciques et de
goussets d'autre part.

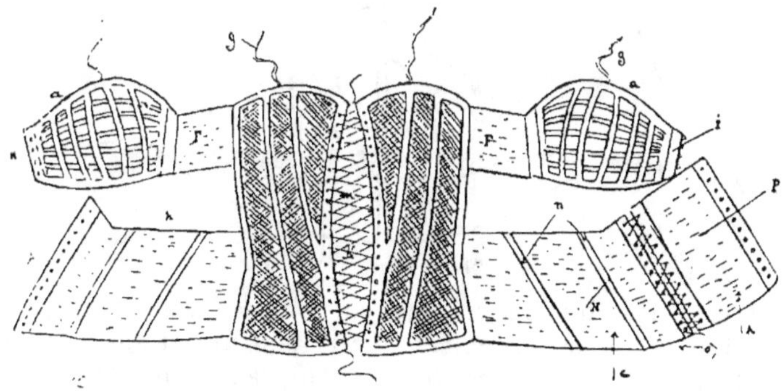

Fig. 120. — Corset-ceinture ouvert et développé.

Le corset-ceinture de grossesse ne recouvre pas l'estomac, il est muni d'épaulières ayant des parties latérales et
abdominales en tissu extensible et très perméable à l'air.

L'invention de Mme Maria Jolly date de mars 1901 et a pour objet un perfectionnement à la fabrication des corsets, destinés à faire porter seulement le laçage, et par suite le serrage, sur la longueur où ce serrage est utile, et à laisser ainsi la plus grande liberté à la poitrine et aux hanches, sans que, toutefois, le corset soit flottant aux endroits où il n'est pas serré à proprement parler.

Dans les corsets actuellement existants, dit l'inventeur, le lacet, qu'il soit disposé sur la partie postérieure ou sur les côtés, court sur toute la hauteur du corset.

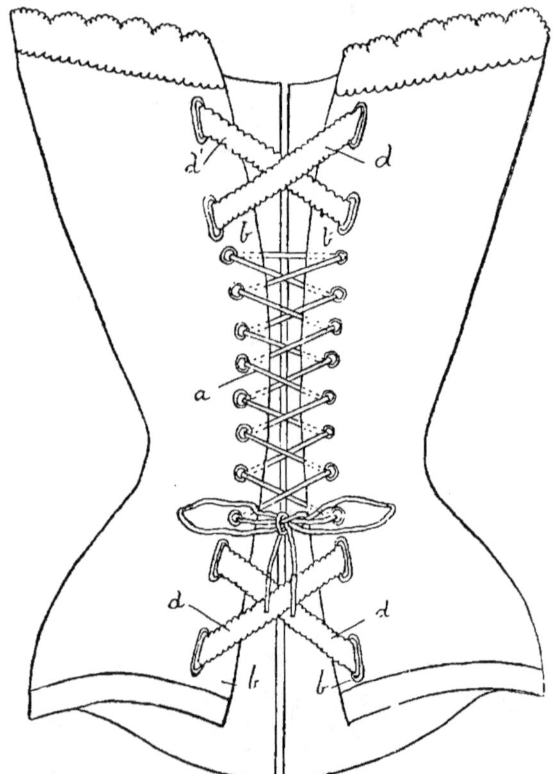

Fig. 121. — Corset Maria Jolly.

C'est ainsi que le serrage, au lieu d'être localisé à la taille, s'exerce également sur la poitrine et sur les hanches, qu'il comprime inutilement, au point de vue de l'élégance, comme au point de vue de l'hygiène. On n'a pu réduire jusqu'ici la longueur sur laquelle s'exerçait le serrage qu'en laissant tout à fait flottantes les parties du corset qui n'étaient pas serrées, et, par suite, en enlevant tout soutien au corps, dans les parties non serrées. Mon invention remédie à ces inconvénients, car le serrage du corset ne s'exerce que sur la longueur absolument nécessaire, et, cependant, les parties qui ne sont pas serrées restent appliquées sur le corps, avec une élasticité suffisante pour laisser toute liberté aux organes.

Et pour que mon invention soit bien comprise, je vais l'exposer en détail en me référant au dessin annexé qui représente, vu de derrière, un corset muni de mon perfectionnement.

Le corset est lacé dans le dos. Le lacet *a* ne court pas sur toute la hauteur, mais il intéresse seulement la longueur de la taille. Les extrémités supérieure et inférieure des deux bords *b* du corset se trouvent donc libres. Pour que, néanmoins, le corset reste appliqué sur la poitrine et sur les hanches, je réunis les parties libres des bords du corset par des liens élastiques. Au dessin annexé, on a représenté en haut et en bas des liens formés de deux rubans élastiques *d*, *d₁*, croisés. Ainsi qu'il a été expliqué ci-dessus, le corset se trouve donc uniquement serré à la taille, et, tout en laissant un jeu, absolument libre aux hanches et à la poitrine, il reste cependant appliqué contre elles, grâce aux liens élastiques *d*, *d₁*. Ces liens doivent naturellement, être assez extensibles pour qu'ils ne s'opposent pas à la fermeture du corset.

Le but du corset de Mme Eugénie Lauclair breveté au mois d'avril 1901 est de maintenir les formes de la femme, de soutenir les organes, d'en combattre la ptôse, comme la laxité des téguments externes, sans gêner les importantes fonctions de la digestion et de la respiration. Il doit aussi fournir un point d'appui aux vêtements.

Il présente les caractéristiques suivantes :

1° Le corset est très long, il enserre les hanches, descend en avant jusqu'au niveau du pubis.

Il se termine en bas par une partie en étoffe inextensible matelassée, même baleinée, formant ceinture et destinée à maintenir et même à relever les parois et les organes abdominaux.

A noter que cette ceinture fait partie intégrante du corset et que sa forme et sa rigidité varient suivant l'importance des parties à soutenir.

L'avantage de ce corset faisant en même temps office de ceinture hypogastrique, c'est de maintenir en place normale des organes non soutenus naturellement sans les relever de façon à gêner les autres et sans déformer la femme.

2° Le corset est maintenu en bas par de fortes jarretelles, de façon à prendre son point d'appui sur le bassin.

3° Il est lacé en arrière et même lacé en deux fractions indépendantes. La fraction inférieure peut être très serrée pour prévenir la ptôse de l'abdomen, jusqu'au niveau de l'ombilic ; la fraction supérieure l'être beaucoup moins pour laisser plus de jeu au thorax et à l'estomac.

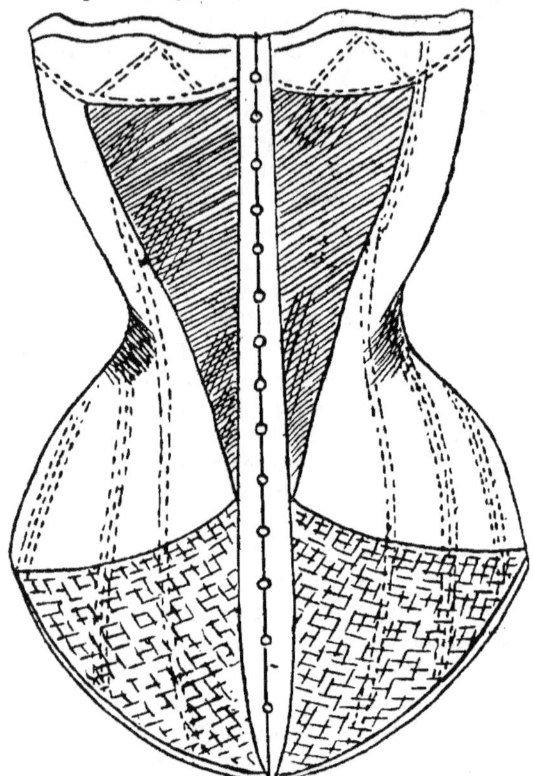

Fig. 122. — Corset Lauclair vu de face.

4° Le baleinage est solidement établi sur les côtés et dans le dos et supprimé en avant pour maintenir les goussets destinés à loger les seins. Le busc est supprimé et remplacé par des boutons sur la ligne médiane, en avant il peut être également remplacé par tout autre mode d'attache.

De cette façon, aucune partie métallique, aucun corps dur ne peut blesser, comprimer ou troubler dans leur fonctionnement les organes internes, aux parties molles correspond une gaine d'étoffe, aux parties dures un tissu baleiné.

5° Un large segment de tissu élastique est interposé des deux côtés en avant, de façon à laisser un libre jeu aux organes thoraciques et abdominaux, sa forme et son étendue varie suivant la conformation et l'état pathologique de la femme.

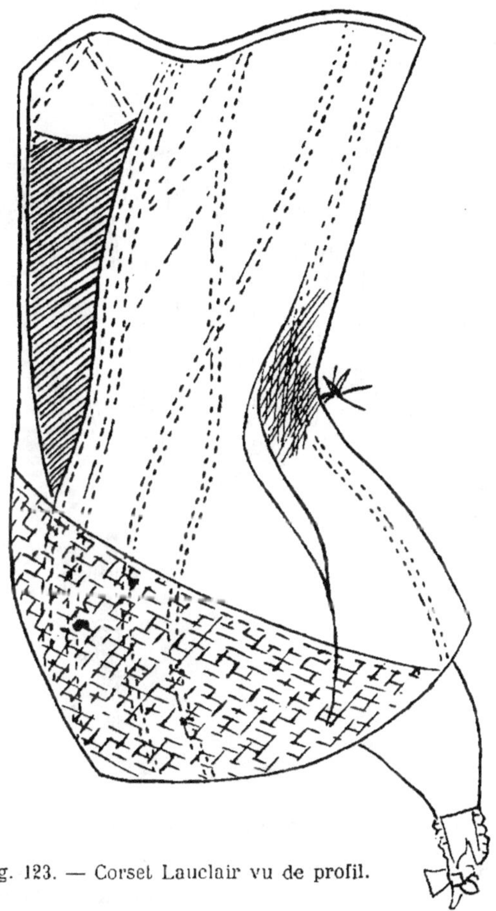

Fig. 123. — Corset Lauclair vu de profil.

Il est terminé à la partie supérieure par une bordure d'étoffe plus ou moins large suivant le poids des seins.

M. Julius Lindauer, au mois de septembre de la même année, réalise un corset hygiénique par son modèle, dit corset Sanakor, il parle en ces termes de son invention :

On sait que jusqu'à présent, dans les corsets ordinaires le busc s'étend généralement sur toute la région stomacale où il occasionne une pression nuisible reconnue par tout le monde. Pour obvier à cet inconvénient, on a employé des corsets-ceintures, mais ceux-ci ne remplissaient pas le but du corset, qui était de soutenir la poitrine en même temps que la taille et le ventre. On est alors arrivé à supprimer partiellement l'inconvénient de ces ceintures en y ajoutant un porte-buste reposant sur les épaules au moyen de bretelles ou rubans, mais ces porte-bustes fatiguent les épaules et le dos et remplacent d'une façon très imparfaite le corset à cause de leur manque de rigidité.

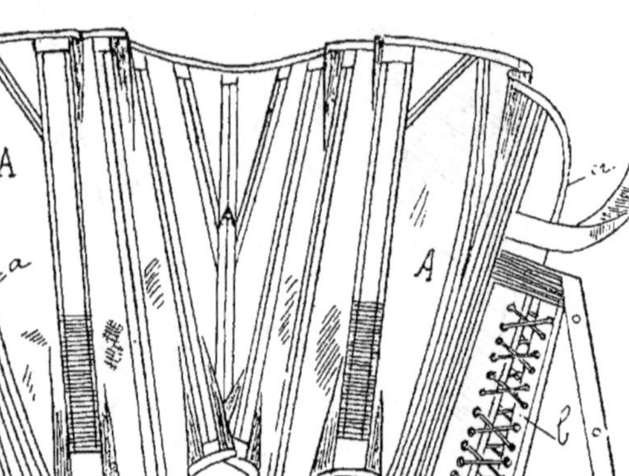

Fig. 124. — Vue intérieure développée d'un corset Sanakor.

Le corset, qui fait l'objet de mon invention, obvie à tous ces inconvénients et présente, au point de vue de l'élégance, tous les avantages des autres corsets.

Il est caractérisé par le fait que la partie qui forme le devant n'est qu'une ceinture munie d'un busc et non baleinée, qui ne dépasse pas la région stomacale laissant ainsi l'estomac et les voies respiratoires absolument libres, tandis que tout le reste affecte la forme d'un corset baleiné dans toute sa hauteur et entièrement ouvert sur le devant.

En me référant aux figures qui représentent un modèle de corset avec laçage par devant, on voit que mon corset est formé par deux parties essentielles, l'une A, entourant tout le corps excepté dans sa partie antérieure, et l'autre B recouvrant seulement le ventre jusqu'à la hauteur de la région stomacale. Ces deux parties sont réunies par un laçage qui sert en même temps à régler l'ajustage du corset. La partie A, est baleinée dans toute sa hauteur, comme un corset ordinaire, tandis que la partie B est seulement munie d'un busc et n'est pas baleinée, excepté le long des

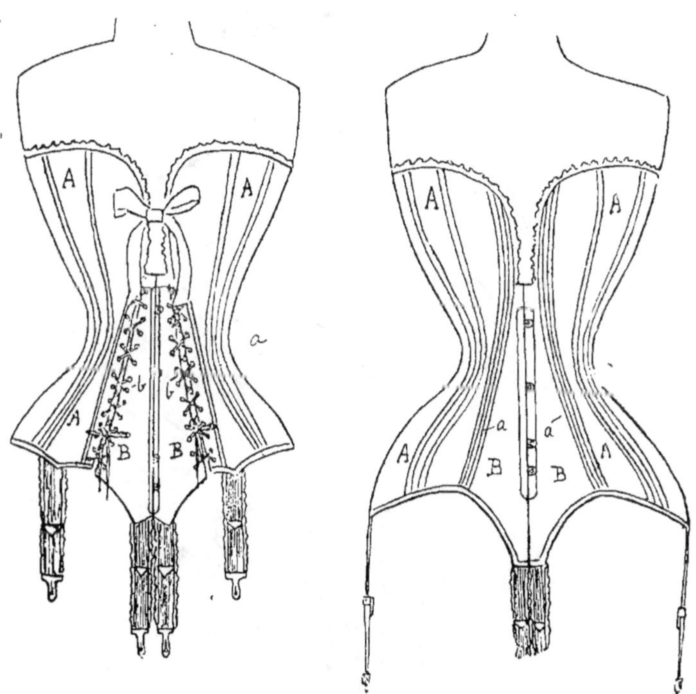

Fig. 125. — Deux modèles de corset Sanakor vus de face;
l'un lacé devant, l'autre lacé dans le dos.

œillets. Cette partie qui affecte une forme allant en s'évasant vers le bas, comme on le voit au dessin, est constituée par deux pièces symétriques qui forment les bords libres du corset et qui se réunissent par agrafage comme tous les corsets.

Pour permettre au corset de bien soutenir la poitrine tout en laissant complètement découvert le creux de l'estomac et le devant du haut du buste, les baleines sont placées obliquement comme on le voit en *a*, de manière à ramener la poitrine en avant et lui donner tout le soutien nécessaire sans gêner en aucune façon les mouvements respiratoires.

Le laçage du corset peut se faire sur le devant ou par derrière. A la fig. 125, j'ai représenté un corset se laçant par devant. Dans ce cas, la partie B est indépendante de la

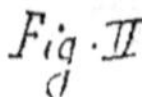

Fig. 126. — Corset Davin

partie A et est réunie à celle-ci par un laçage *b b* de chaque côté, et le dos du corset est entièrement fermé. Les deux pièces A et B sont réunies en outre par une bande élastique C placée à l'extérieur ou à l'intérieur. Mais il va de soi que l'on peut, si on le désire, ajouter un troisième laçage sur le dos pour avoir plus de latitude dans l'ajustage du corset.

A la fig. 125 à droite, j'ai représenté un corset perfectionné fait pour être lacé seulement par derrière. Dans ce cas, la partie B est cousue à la partie A au lieu d'y être rattachée par un laçage.

Peu après, au mois d'octobre, Mme Davin, fabriquait un corset droit à ceinture ventrière ajustable, amincissant et maintenant le ventre sans épaissir la taille.

L'invention consiste essentiellement à laisser la ceinture souple, c'est-à-dire non balcinée et à prévoir, de chaque côté du busc de fermeture du corset, sur le devant, une longue incision, dont les bords munis d'œillets, peuvent être plus ou moins rapprochés ou écartés au moyen d'un laçage, de façon à permettre de serrer ou desserrer la partie formant ceinture, prenant le ventre et les hanches.

L'action de maintien et de contention de la ceinture est aidée par des jarretelles de devant et des jarretelles de hanche qui tiennent la ceinture en place.

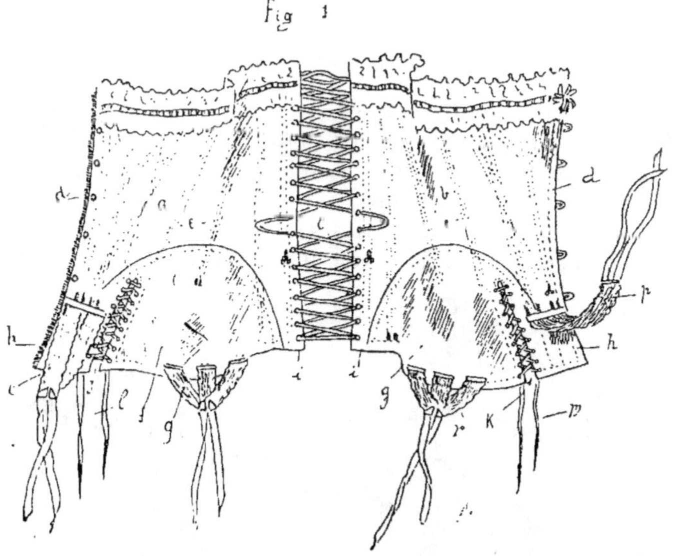

Fig. 127. — Corset à ceinture ventrière étendu à plat

L'année suivante, en juillet 1902, M. Bayle fait breveter un corset à membrane abdominale libre ayant pour objet de maintenir la masse intestinale en la soutenant de bas en haut par un dispositif spécial (fig. 128 (1 et 2) faisant office de membrane encadrant l'abdomen.

A cet effet, la partie de devant du nouveau corset se trouve être détachée en A et B, pour laisser toute amplitude et le serrage ou contention s'opère par l'effet de deux pattes

138

faisant corps avec ledit corset, baleinées ou non, se joignant par une laçure à œillets, broches, agrafes ou tout autre système équivalent.

Le serrage peut être indépendant sur le devant, c'est-à-dire s'opérer avec un seul lacet rapprochant les deux parties C D (type 2, fig. 128) ou bien obtenu avec le même

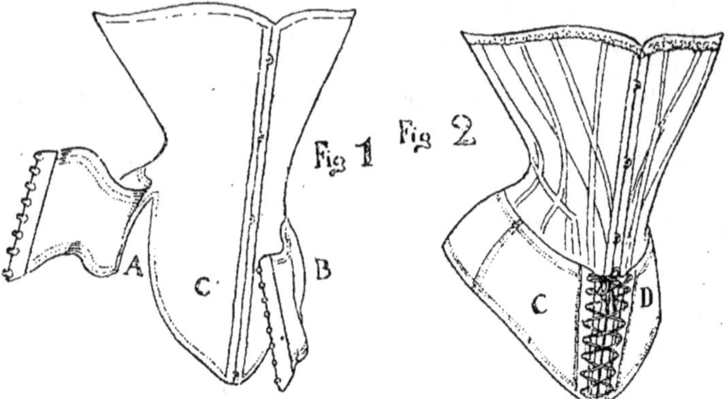

Fig. 128. — Corset Bayle.

lacet qui sert à serrer le dos (types 3 et 3 *bis*. fig. 129) de façon à ce que le point de résistance au serrage soit porté sur les os iliaques compressibles sans danger et sans léser aucun organe essentiel.

En ce cas, mon corset sera seulement ouvert en V dans le dos jusqu'à près de la moitié de sa hauteur, la partie

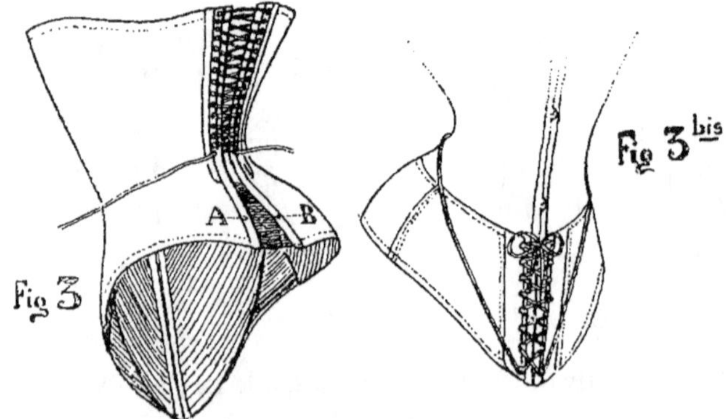

Fig. 129. — Corset Bayle.

inférieure s'appuyant sur la base de la colonne vertébrale sera rendue extensible en largeur par la présence d'une partie du tissu élastique A, B (figure 129 (type 3).

On comprend qu'avec ce nouveau dispositif le serrage soit rationnel et proportionné puisqu'il agit directement en s'appuyant sur l'ossature même, latéralement pour maintenir les seins et de bas en haut pour l'abdomen ainsi qu'il est montré fig. 130 (type 4). De cette façon la masse intestinale au lieu d'être refoulée vers la matrice par le serrage dorsal simple, comprimant les organes de gestation, si délicats chez la femme, se trouve soutenue et remontée pour ainsi dire, sans aucune fatigue, à tel point que le corset de mon invention par son mode de serrage pourra servir jusqu'au terme extrême de la grossesse, puisque le ventre se trouvera sous la partie libre C (fig. 128) et ne sera comprimé que suivant le désir de la personne qui le porte à l'aide des parties C D (fig. 128), il pourra aussi bien servir à la contention des hernies (ombilicales, je suppose) ou remplacer avantageusement les ceintures abdominales.

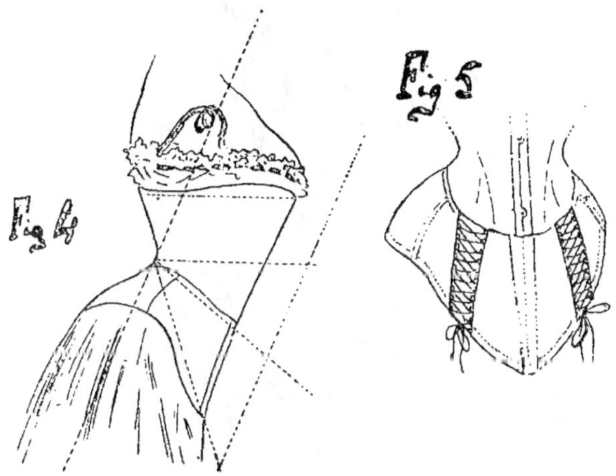

Fig. 130. — Corset à membrane abdominale

Je me réserve de changer la forme de ces pattes et leur nombre suivant la masse intestinale à maintenir ; il pourra être de trois par exemple avec une double laçure, comme il est indiqué figure 130, type 5.

Le corset de la maison Notelle, non seulement est fait pour maintenir les organes abdominaux mais pour les relever en même temps — d'où son nom de corset à compression abdominale ascendante — au moyen de la traction opérée par des rubans, pièces en tissu ou lacets attachés au bas du corset.

Ces rubans, pièces en tissu ou lacets sont rabattus sur l'envers du corset et ramenés ensuite à l'extérieur en faisant passer leurs extrémités supérieures par des ouvertures pratiquées à cet effet dans le corset ; l'extrémité supérieure de ces rubans, pièces en tissu, ou lacets est fixée au corset par un moyen quelconque boucles, agrafes, boutons, nœuds. La traction opérée doit appliquer le bas du corset contre la partie inférieure de l'abdomen en la poussant de bas en haut.

Ce maintien des organes abdominaux est encore réalisé par deux-types de corset, le corset-ceinture du Dr Genevet et le corset sangle Lamarre.

Le corset du Dr Genevet est une réunion du corset thoracique et de la ceinture abdominale.

M. E. Léoty en donne la description suivante :

Fig. 131. — Corset-ceinture Genevet.

Ce corset-ceinture est muni à sa base d'une vraie ceinture abdominale. Cette dernière ne peut donc pas remonter, ni se déplacer, comme elles le font toutes d'habitude, plus ou moins, et n'empêche pas le corset d'aller, puisqu'elle fait corps avec lui.

Le bas, sur le devant du corset, est remplacé par la ceinture dans toutes les parties abdominales ; sur les côtés, cette ceinture est absolument indépendante et se fixe derrière par un système de pattes et de boucles formant mouffle. De cette façon, elle ne peut se déplacer et rend absolument tous les services de la ceinture ordinaire, sans en avoir les inconvénients signalés plus haut, c'est-à-dire que non seulement cette ceinture ne se déplace pas, mais elle n'a pas besoin, pour rester en place, de ces affreux et incommodes sous-cuisses qui donnent toujours à la personne les portant, l'allure d'une personne blessée et qui sont souvent cause d'inflammations.

Le corset-sangle Lamarre, dit son inventeur, ne permet pas de comprimer la base du thorax ; il ne touche même pas la région épigastrique. Il pourrait s'appeler presque anticorset. Cet appareil prend son point d'appui sur les hanches, fait supporter le poids des jupes par les os du bassin et empêche la ceinture de ces vêtements de comprimer la région épigastrique.

En outre par sa forme même, et surtout par la sangle, élastique que l'on y ajoute, il tend à remonter les viscères abdominaux dont il supporte le poids.

Fig. 132. — Corset-sangle Lamarre.

On a déjà tenté, ajoute M. Lamarre dans une lettre qu'il m'adresse, d'obtenir une partie de ces résultats, mais, les ceintures abdominales dénommées à tort corsets-bas ne sont pas des corsets. Elles ne montent pas assez pour soutenir les seins, et ne permettent pas l'usage de vêtements ajustés : elles se déforment rapidement à l'usage par défaut même de leur fabrication : elles comportent un busc court qui devient une gêne dans certains mouvements, et qui comprime certains organes abdominaux, et arrivent à produire de sérieux désordres.

Mon corset sangle se compose de deux parties bien distinctes.

1° Le tissu, 2° les laçures d'acier (*baleines*).

Le tissu, coutil ou autre étoffe , est coupé en pièces dont la forme et le sens varient suivant la conformation de la personne appelée à le porter.

Les pièces réunies forment un objet de lingerie qui peut être facilement lavé si on sépare les laçures d'acier.

Fig. 133. — Corset-sangle fermé.

Celles-ci, y sont fixées, par une disposition spéciale et nouvelle, qui permet de les enlever et de les replacer sans difficulté. La face interne du corset porte, à cet effet, des gaines d'étoffe, dont chacune correspond à une laçure. — Ces gaines sont incomplètes, c'est-à-dire qu'elles sont ouvertes, ou interrompues dans leur partie moyenne ; elles sont solidement fermées à leurs parties

Fig. 134. — Sangle Lamarre.

terminales. On y introduit facilement les extrémités de la laçure, d'abord dans la partie inférieure, qui est la plus longue, puis dans la partie supérieure, en la faisant glisser dans la partie ouverte vers l'extrémité fermée. Les laçures sont en nombre variable, suivant les cas (environ 20 à 22 de différentes longueurs). Il n'y a aucun busc sur le devant.

Le corset Lamarre peut se porter sans la sangle ou avec la sangle (cette dernière façon est la plus recommandée). Sans bretelles ou avec bretelles (ce dernier genre n'exclut pas la sangle).

En décembre 1902, fut publié le brevet de Mme Feramus, pour un corset dit corset de l'Académie.

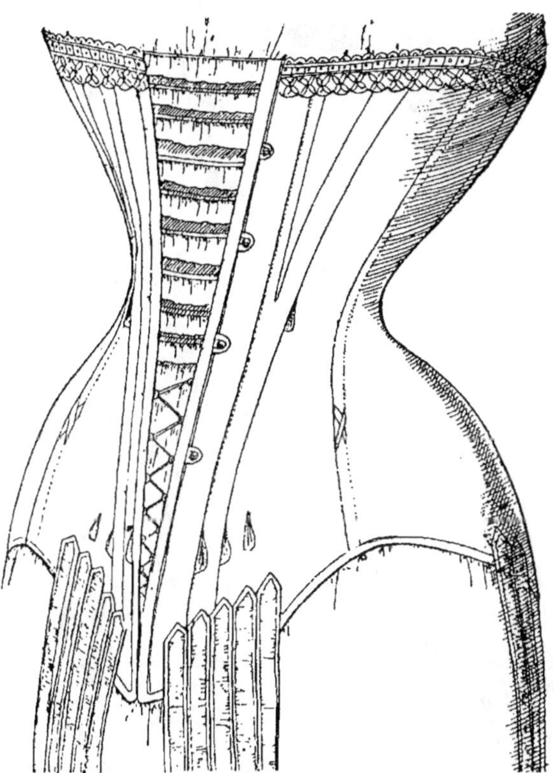

Fig. 135. — Corset dit de l'Académie.

La nouvelle disposition de ce corset lui donne certains avantages au point de vue de la santé de la femme, tout en lui laissant la forme désirée par la mode actuelle, c'est-à-dire aplatissement du ventre, dégagement de la région thoracique et des hanches.

Par sa fermeture unique antérieure, en forme de V, qui supprime le busc au niveau du diaphragme (creux épigastrique), ce corset facilite les mouvements de ce muscle (si indispensables pour la respiration), dégage la région du pylore, de l'estomac et du foie et le rend par ce fait, précieux toutes les fois qu'il y a maladie ou sensibilité anormale de ces organes.

Dans la partie supérieure de cette fermeture (comme l'indique le dessin) des bandes élastiques superposées de moitié et cousues les unes aux autres permettent par leur souplesse et leur mobilité tous les mouvements de la respiration et empêchent le corset de gêner en aucune façon la fonction des poumons.

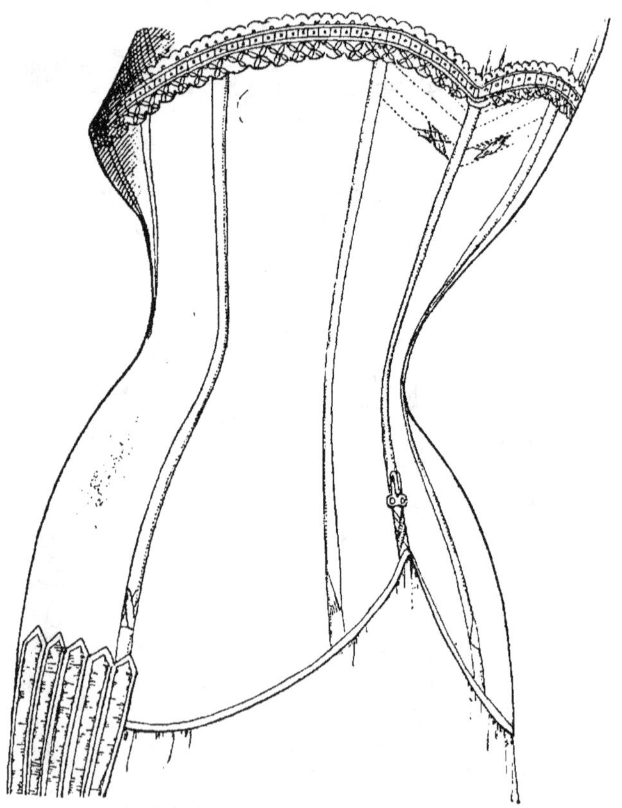

Fig. 136. — Corset Féramus.

Les deux parties de l'extrémité inférieure du busc sont armées de petits anneaux dans lesquels un lacet passera pour permettre d'amincir la taille en prenant point d'appui sur la colonne vertébrale et en maintenant la paroi abdominale. L'intestin est donc maintenu à sa place et, par conséquent, les reins, l'estomac et le foie ne peuvent s'abaisser et la compression de tous les organes contenus dans le bassin est absolument évitée.

Je n'aurais garde de ne pas citer ici, puisque je viens de

parler dun corset à fermeture antérieure, le nom de M.
Guillot, et de ne pas reproduire le texte de celui de ses
brevets publié en novembre 1902.

Les perfectionnements que j'ai apportés, dit-il, à la confection des corsets et notamment à celui pour lequel j'ai
pris un brevet le 3 octobre 1899, ont pour but (en outre des
avantages décrits dans ce premier brevet).

Premièrement d'amincir les hanches par la suppression
de la pièce ronde de côté.

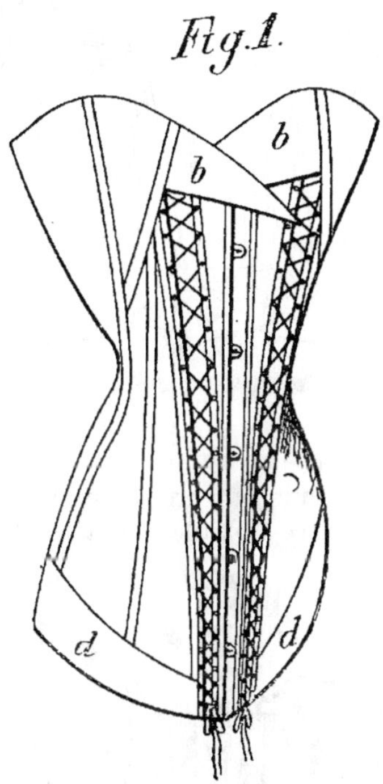

Fig. 137. — Corset avec deux laçures antérieures

Deuxièmement d'éviter que le baleinage des laçures
vienne tomber dans les seins, à cet effet, il existe à la partie supérieure du corset deux pattes *b* en forme de fichu,
rapportées ou non, sans baleine qui permettent simplement de soutenir la poitrine et de serrer plus ou moins.

Troisièmement, j'ai complété ma ceinture médicale faisant corps avec ledit corset) en lui donnant une nouvelle
forme et en ajoutant derrière deux petites pattes *c* avec
agrafes et œillets ou n'importe quel autre dispositif d'agrafage, pour permettre à la femme de se serrer à volonté et
de bien lui relever le ventre tout en le dissimulant ; ces
pattes *c* peuvent être cousues à la pièce d'étoffe formant

ceinture ou adaptées par tous les moyens convenables ;
par l'adaptation de ces deux pattes qui sera faite à volonté
selon la conformation de la femme, je remplace avec avantage la ceinture orthopédique qui fait généralement souffrir la femme.

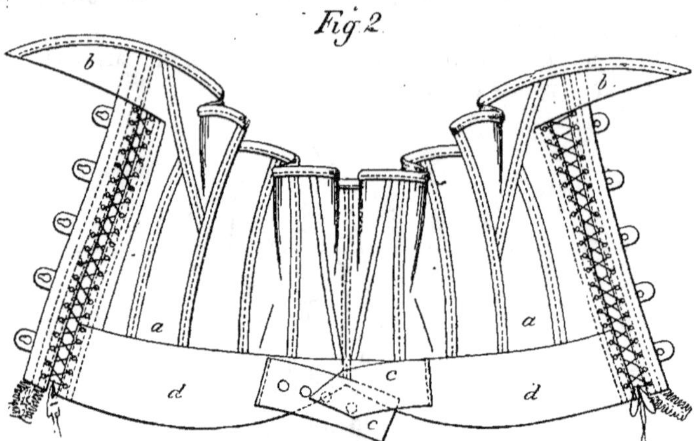

Fig. 138. — Corset Guillot (variante du corset dit « corset-mystère »).

J'ai représenté sur le dessin joint à la présente demande
de brevet mon corset perfectionné.

La figure 138 est une vue en perspective :

La figure 139 montre à plat le corset développé :

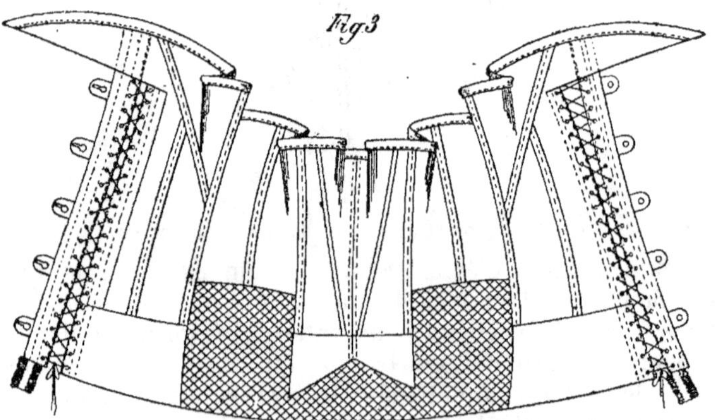

Fig. 139. — Le même corset développé.

Dans le but d'amincir le plus possible les hanches, j'ai
représenté figure 139 une variante de mon corset perfectionné dit « corset mystère » dans lequel, la partie des hanches est entaillée et remplacée par une pièce de tricot E ou
tout autre tissu léger ayant la même élasticité, laquelle

épousera n'importe quelle forme et sera baleinée ou non suivant la conformation de la femme ; cette pièce pourra passer sur le dos, dans ce cas, en remplacement des pattes de derrière C, je me réserve de lacer le tricot ou d'employer tout autre système d'attache approprié pour cet usage ; je me réserve en outre de faire descendre le tricot plus bas, de manière à former des jambières qui pourront servir de maillot, pour bien maintenir le corset.

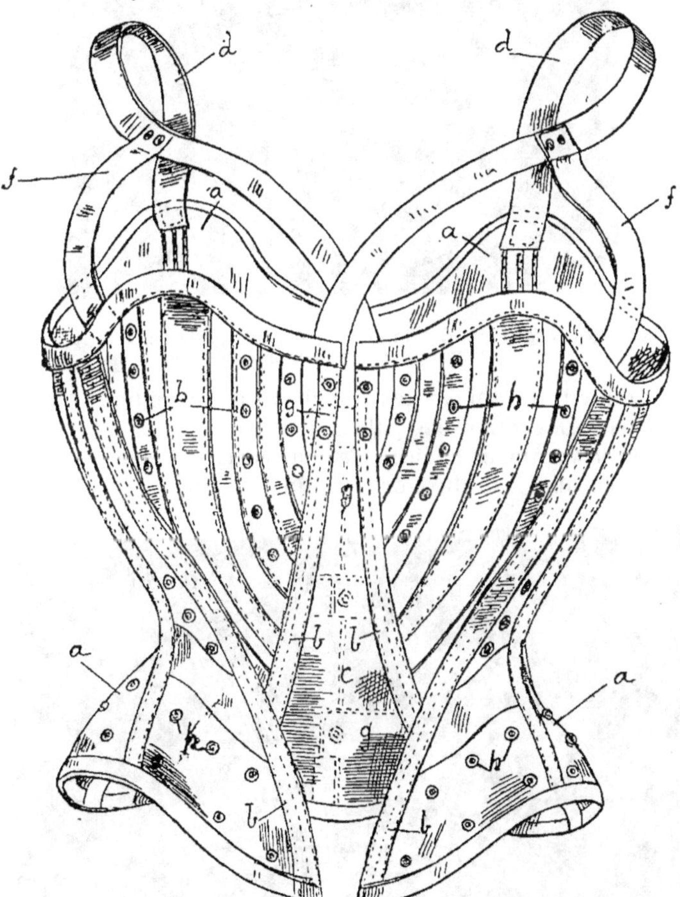

Fig. 110. — Corset Fedra maintenu fermé par des épaulettes

Ayant ainsi décrit les perfectionnements que j'ai apportés à la confection des corsets, il sera bien compris que je me réserve de baleiner jusqu'en haut et de donner n'importe quelle forme aux pattes de derrière selon la conformation de la femme.

En résumé, je revendique :

Les perfectionnements ci-dessus décrits que j'ai apportés à la confection des corsets caractérisés en ce que : la partie supérieure à l'endroit des seins n'est pas baleinée et est munie de deux pattes en forme de fichu pour soutenir la poitrine ; la pièce de côté est supprimée dans le but

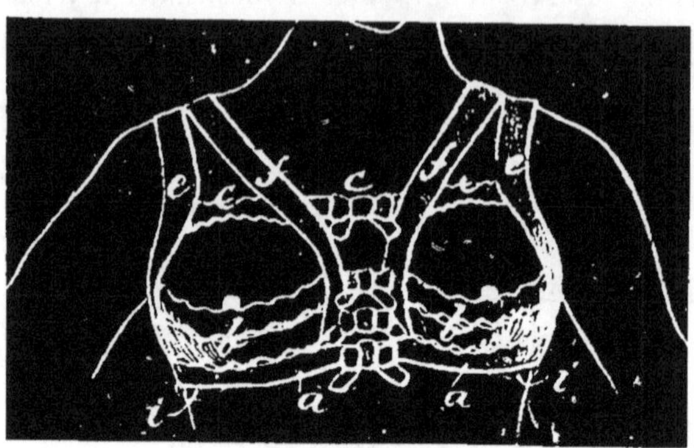

Fig. 141. — *Légende : a*, ceinture : *d.* barrette postérieure : *e*. bretelles externes; *f*, bretelles internes.

d'amincir davantage les hanches. Je revendique également l'application des pattes de derrière en combinaison avec la ceinture médicale faisant corps avec le corset et remplaçant la ceinture orthopédique.

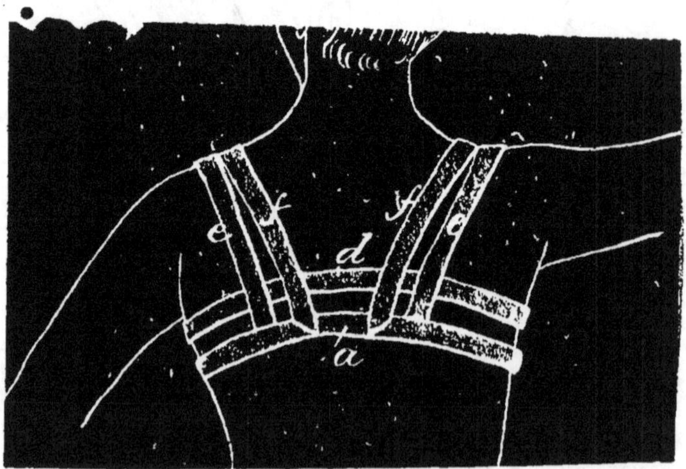

Fig. 142. — *Légende: a*, ceinture; *b.* double barrette d'en bas: *c*, barrette antérieure d'en haut; *e*, bretelles externes; *f*, bretelles internes; *i*, coussinets.

Le tout dans son ensemble constituant un modèle nouveau.

Afin de laisser toute liberté au fonctionnement des poumons, de l'estomac et des intestins, tout en maintenant l'abdomen et tout en soutenant les seins on a créé des dispositifs tels que l'appareil de soutien thoracique destiné aux seins est complètement séparé de l'appareil de soutien abdominal, de telle sorte que le soutien gorge peut même être employé seul.

Je mentionnerai dans cet ordre d'idées :

Le modèle du Dr A. Aubeau, et dont l'auteur expose les avantages dans une très intéressante étude sur les stigmates de la maternité, publiée en janvier 1902 dans la *Clinique générale de chirurgie :*

Le corselet de Mme le Docteur de Griniewitch (fig. 141, 142) :

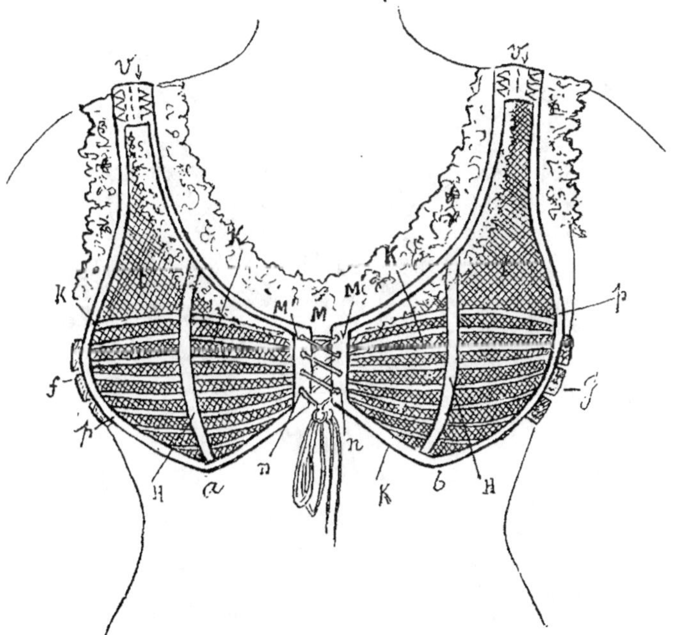

Fig. 143. — *a*, *b*, goussets: *f*, *g*. côtés en élastique réunissant les goussets aux épaulières: *h*, *k*, *m*, baleines.

« Ce nouvel article de vêtement, baptisé *Callimaste* (du grec, beauté des seins), a pour but de soutenir d'une façon hygiénique les seins. Il est le complément naturel de toute espèce de corset bas qui, construit en vue de rendre la liberté à l'estomac et aux poumons, ne remonte pas assez haut pour pouvoir soutenir les mamelles.

En retenant les seins, ce corselet laisse en dehors de toute pression les mamelons, qui si fréquemment, avec les corsets ordinaires, comme avec les diverses espèces de brassières qu'on rencontre dans le commerce, sont comprimés, refoulés sur eux-mêmes et atrophiés. Son emploi se recommande donc particulièrement dans tous les cas où la glande mammaire se trouve très développée, soit pour cause de grossesse ou d'allaitement, soit par complexion naturelle. »

La ceinture-corselet de Mlle Bergerat essentiellement caractérisée par la combinaison de deux goussets de forme triangulaire avec une ceinture qui embrasse la base de la poitrine immédiatement au-dessous des seins.

Et enfin le corselet-gorge de Mme Cadolle et dont les figures ci-jointes donnent une idée très nette (fig. 143, 144).

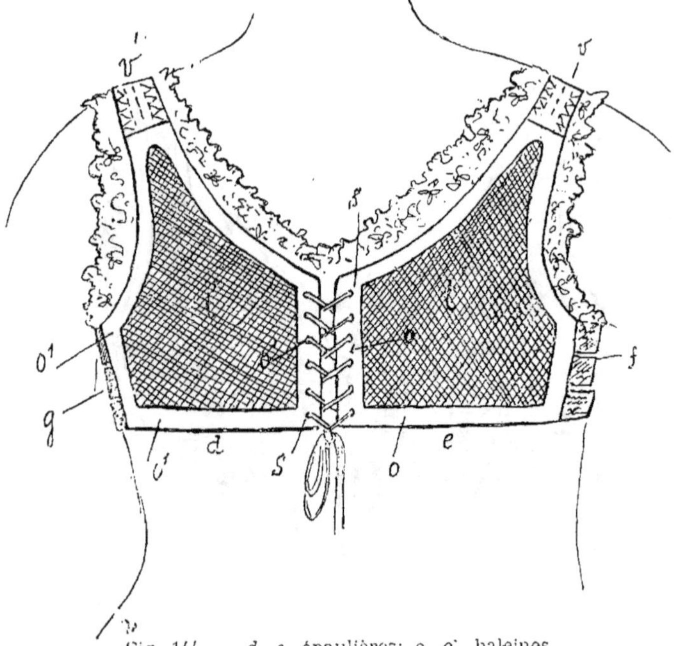

Fig. 144. — *d, e*, épaulières; *o, o'*, baleines.

Ces modèles de corsets et de corselets dont je viens de donner la description et la reproduction sont des appareils destinés à vêtir la femme normale, mais ne sauraient convenir sans modifications aux femmes dans certains cas d'affection de l'estomac, de l'intestin et surtout des organes génitaux, non plus qu'aux femmes en état de grossesse.

Sans m'attarder à décrire ici les corsets faits pour des femmes dont l'abdomen présentait des déplacements d'organes, où était le siège de kystes, tumeurs, etc. (car, chaque cas pathologique nécessitant un appareil spécial, je serais obligé tout en étant incomplet, de décrire un très grand nombre de types, travail à la fois insuffisant et fastidieux) je parlerai avec quelque soin de la ceinture spéciale dite sangle de Glénard.

« Cette ceinture se distingue de toutes celles qui ont été préconisées avant elle par son extrême simplicité, par la fermeté de son tissu élastique, par sa forme de sangle, c'est-à-dire de bande plate à axe rectiligne et à bords parallèles, par son mode d'application. Au lieu de passer

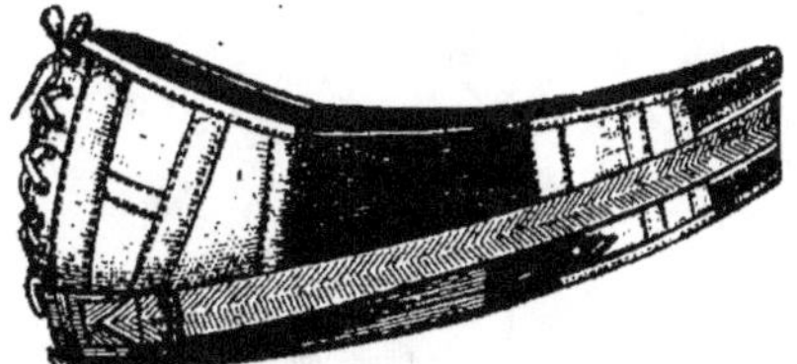

Fig. 145. — Ceinture abdominale, vue de profil.

tout entière au-dessus des hanches comme presque toutes les ceintures, la sangle de Glénard les embrasse largement et prend sur elles leur point d'appui. C'est pour bien indiquer cette application de l'appareil contentif sur le bassin, que l'auteur a proposé la dénomination de sangle pelvienne. »

Elle se compose d'une bande droite de tissu élastique de 14 centimètres de large et de 68 à 75 centimètres de long qui se termine en arrière d'une part par trois bandelettes

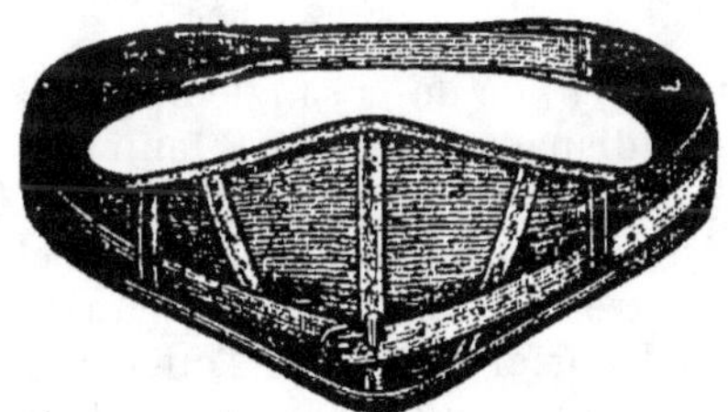

Fig. 146. — Ceinture abdominale, vue de face.

de tissu non élastique de 4 centimètres et demi de large, et de l'autre par trois boucles. La sangle doit être appliquée juste au-dessus du pubis et assez bas pour qu'après avoir contourné la région pelvi trochantérienne, son bord supérieur ne dépasse pas la crête iliaque de plus de deux travers de doigt. Le bord supérieur de la sangle doit dépasser l'épine et la crête iliaque afin que ce rebord osseux servant de poulie de renvoi, l'action de relever l'hypogastre soit ainsi combinée avec l'action compressive de la sangle.

172

Chaque bandelette de la ceinture, dit Glenard, est bouclée isolément sur le malade, en commençant par l'inférieure et la constriction sera poussée jusqu'à la limite d'élasticité du tissu. Cette constriction est très généralement différente pour les trois bandelettes et c'est là à côté de sa forme plane et à bords parallèles, un des traits les plus caractéristiques en même temps qu'une puissante cause d'efficacité de la sangle pelvienne que cette indépendance de constriction de ses bords supérieur et inférieur.

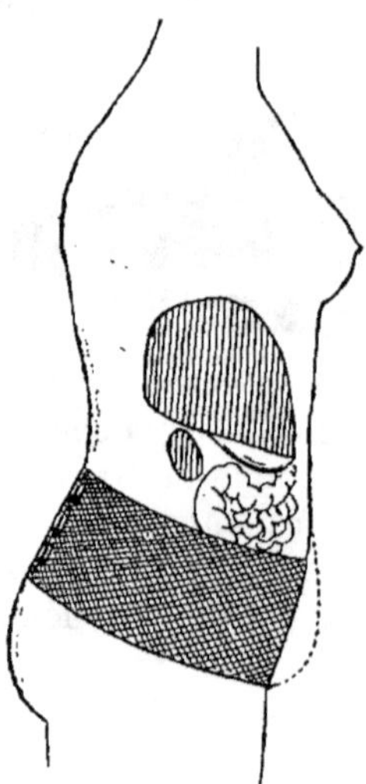

Fig. 147. — Principe de la sangle pelvienne du Dr Glénard
(Lyon médical 1885).

Pour assurer la fixité de la sangle dans la zone où on l'a placée, il est indispensable de la retenir à l'aide de souscuisses.

Si j'ai insisté sur la sangle de Glénard c'est que le Dr Glénard peut être considéré comme l'un des principaux auteurs de la transformation de l'ancienne mode en la mode actuelle et que son appareil répondant parfaitement à la double indication de soutenir et de relever le ventre, tous les corsetiers se sont plus ou moins recommandés de cette invention pour créer ou prôner certains de leurs modèles les plus récents, et parmi eux, quelques-uns de ceux que j'ai décrits précédemment.

Au début même la sangle de Glénard fut adaptée purement et simplement au corset, et même à un corset cambré, ainsi qu'il résulte des lignes suivantes que m'a communiquées M. Abadie Léotard en y joignant les clichés qui s'y rapportent.

« Pour notre part, c'est un devoir de le reconnaître, nous avions présents à l'esprit les préceptes et les leçons du Dr Glénard, quand pour la première fois, en juin 1886, nous appliquâmes au bas du corset une bande élastique selon le principe de la sangle pelvienne (fig. 147).

De persistantes recherches nous ont amené Mme Abadie-Léotard et moi à créer d'abord le corset Colibri en rubans et enfin le corset Ligne.

C'est en 1889, qu'à la suite des applications si heureuses que nous fîmes de la sangle de Glénard, au bas du corset que généralisant cette première ébauche nous créâmes le corset curviligne, puis le corset ligne.

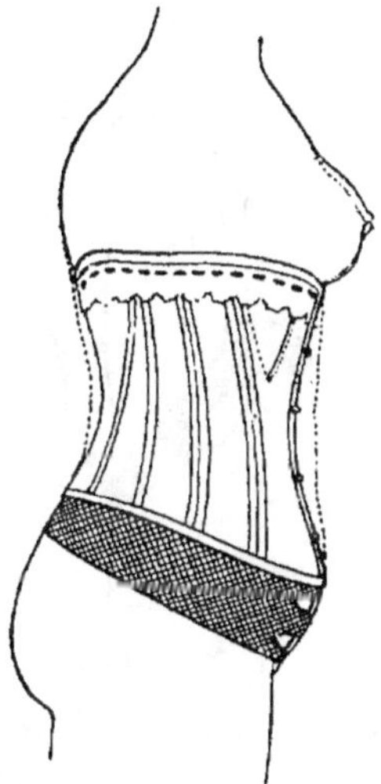

Fig. 148. — Corset cambré devant avec application du principe de la sangle pelvienne.

Il nous fallut d'abord faire abandonner le corset cambré, pour cela nos clientes acceptèrent de porter des corsets dont le busc était droit devant et qui surtout descendait plus au-devant de l'abdomen, tendant à l'envelopper et à devenir ainsi de véritables corsets abdomino-thoraciques.

Ce perfectionnement incomplet marque cependant l'extrême limite des concessions que quelques dames voulaient faire à l'hygiène.

C'est en 1898 que la forme et l'aspect définitif du corset ligne furent enfin fixés.

Si nous pouvons à bon droit revendiquer une part dans l'heureuse réforme du corset, nous nous faisons un plaisir de reconnaître que nos confrères ont lutté pour la même cause.

Le corset ligne s'adapte à la paroi abdominale qui est presque rectiligne grâce à la rectitude absolue de son busc et de tout son devant, la cambrure antérieure de l'ancien corset est délibérément et complètement abandonnée. Non seulement le busc est droit, mais aussi les pièces d'étoffes juxtaposées.

D'autre part, le busc en raison de la forme du corset et de son mode de serrage ne peut exercer aucune compression par la partie supérieure, cela lui permet sans incon-

Fig. 119. — Le corset curviligne droit devant.

vénient de remonter juste assez haut pour maintenir la partie supérieure du corset sur laquelle les seins peuvent se reposer, quand ce soutien est nécessaire, de la sorte la gorge n'est jamais surélevée comme avec le corset cambré.

En bas le busc du corset ligne descend ainsi que les pièces du devant du corset jusqu'au bord supérieur du pubis, toute la paroi abdominale est donc enveloppée d'une forte doublure, d'une sangle agissant comme celle du Dr Glénard et c'est pourquoi j'ai supprimé au bas du corset ligne actuel qui n'en a pas besoin, la ceinture abdominale du corset de 1886 déjà diminuée sur le modèle de 1889.

En haut et en arrière, le corset ligne monte assez haut pour que la femme se sente légèrement maintenue en se rejetant en arrière.

Sur les côtés le corset ligne suit d'une façon précise les contours normaux, c'est pourquoi il se trouve amené à modifier la forme et la place de la taille.

La taille n'est pas toujours augmentée, mais elle est toujours abaissée, en effet, tandis qu'avec le corset cambré elle se trouvait à six centimètres au-dessus des crêtes iliaques, avec le corset ligne elle se trouve seulement à trois centimètres.

Fig. 150. — Le Corset-Ligne.

Enfin un mode de serrage (et M. Abadie-Léotard le décrit avec grand soin dans son travail *Le bon corset*) résoud le difficile problème. de serrer, non seulement sans dommage, mais encore en produisant des effets utiles.

Ce serrage se fait en deux temps, le premier fixe la partie inférieure du corset autour de la ceinture pelvienne et agissant comme une ceinture hypogastrique, contribue particulièrement au maintien des organes.

Fig. 151. — Le laçage oblique.

Le deuxième temps applique simplement la partie supérieure du corset le long du buste. »

La sangle de Glénard aussitôt trouvée fut mise de suite dans le domaine public, créée d'abord en vue de soutenir les ventres malades, principalement ceux atteints d'entéroptose, c'est-à-dire de chute de la masse intestinale, elle fut appliquée, ou du moins son principe fut appliqué par les corsetiers, même aux corsets destinés à habiller des femmes en bonne santé et bien faites, car la loi actuelle de la mode veut que la saillie abdominale, même de dimensions normales soit réduite à sa plus simple expression. C'est ainsi qu'une importante maison de corsets de Paris présente parmi différents types un modèle dont le tissu est fait de soie et de caoutchouc (à raison de sept fils de soie pour un de caoutchouc) et qui porte un nom caractéristique des tendances actuelles désireuses d'allier l'élégance et l'hygiène : corset expansible antiptosique.

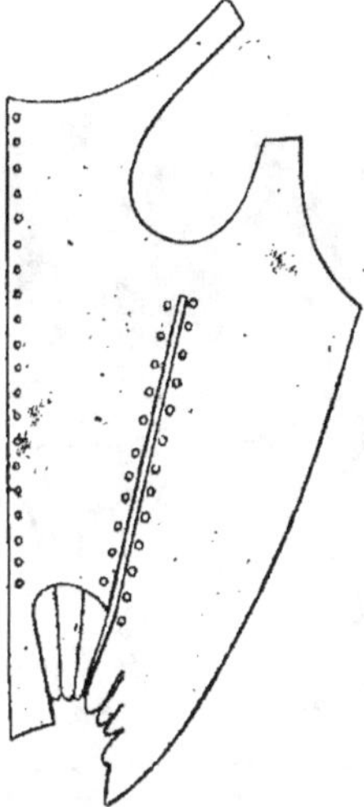

Fig. 152. — Corps pour les femmes enceintes se laçant sur les deux côtés (*Encyclopédie* de Diderot).

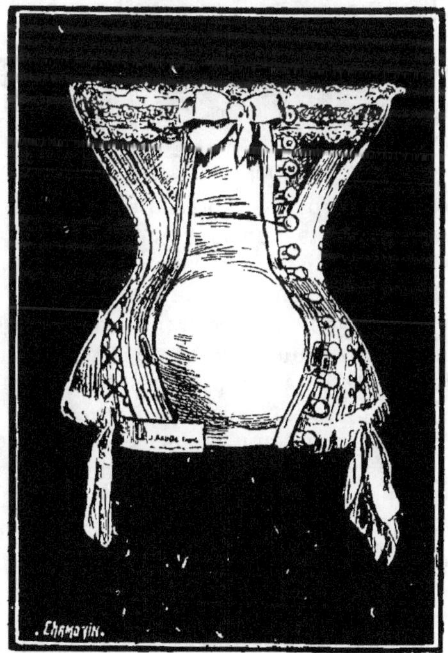

Fig. 153. — Corset de grossesse, par Rainal.

L'on ne s'étonnera donc pas que les corsetiers qui ont créé tant de types différents pour revêtir la femme plus ou moins bien constituée se soient ingéniés à créer des corsets spéciaux pour la femme enceinte. Ce type particulier n'est certes pas nouveau, c'est le corset dit corset de grossesse.

Fig. 154. — Corset de grossesse vu de côté

Les corsets de grossesse présentés par les fabricants modernes ne constituent pas toujours une création nouvelle, car ils ne sont parfois qu'une simple modification du type vendu couramment pour la femme qui n'est pas en état de gestation, je ne les décrirai donc pas spécialement, je me contenterai seulement de reproduire ici quelques figures de corsets de grossesse suffisamment nettes pour que le lecteur puisse juger de leur originalité.

En 1826, pour maintenir la forme des mamelons pendant la grossesse Dewees recommande de pratiquer de chaque côté du corset une ouverture qui, disait-il, donne aux mamelons un point d'appui vers leur base et toute liberté de s'allonger.

C'est en raison de cette augmentation du volume des glandes mammaires et des nécessités de l'allaitement que l'on a fait des corsets spéciaux pour nourrices, permettant aux femmes de découvrir leur sein afin de le présenter facilement à leurs enfants.

Quant aux corsets pour enfants ce sont ou des brassières

plus ou moins baleinées, ou des corsets coupés comme
ceux des adultes mais d'une rigidité moindre.

Je ne saurais décrire cette troisième période de l'histoire
du corset sans parler des matières premières servant à sa
confection.

Les principales matières sont les coutils de Flers et
d'Evreux ; les coutils doublures de Lille, de Commines
(Nord) et de Rouen ; les soieries de Lyon ; les tissus de
laine de Bradford, de Roubaix, de Guise, d'Amiens ; les

Fig. 155. — Le Peri-Corset pour femmes enceintes.

satins de coton de Manchester et des Vosges ; les tulles de
Caudry ; les broderies de Saint-Quentin et des Vosges ; les
dentelles de Nottingham et de Calais ; les rubans, les lacets
et les galons de Saint-Étienne ; les rubans et sergés de
coton de Commines et de Normandie, les cotons, fils et
soies à coudre, à broder et à éventailler de Lille et de Paris ; les peluches d'Amiens ; les valenciennes ; les buscs,
les ressorts ; les œillets et agrafes ; la baleine corne de
Paris ; la baleine véritable travaillée soit à Paris, soit
en Allemagne, etc.

Ce sur quoi je désire surtout attirer l'attention en cet
endroit de la période médicale de l'histoire du corset, c'est

sur les modèles de quelques inventeurs qui, toujours dans un intérêt hygiénique ont voulu sortir des sentiers battus et utiliser des matières premières que l'on peut parfois s'étonner de trouver dans la constitution d'un corset (naturellement, je ne dirai plus rien des corsets en tissu plus ou moins caoutchouté).

C'est ainsi qu'en août 1887, un brevet Roberti est pris pour un corset en grillage métallique, et qu'en janvier 1888 le corset Bonneval d'Abrigeon se proclame hygiénique « car aux divers tissus employés, dit l'auteur, a été ajoutée une mince membrane d'amiante poreux déposée

Fig. 156. — Corset de grossesse, modèle Barreiros.

entre les étoffes, retenue par des piqûres et des œillets, ventouses permettant à l'air chaud dégagé par la partie thoracique de se renouveler plus facilement et d'amincir le tronc du corps qui est l'enveloppe essentielle des organes respiratoires, c'est pourquoi ce corset est appelé corset compensateur à l'amiante poreux, il permet à la transsudation de s'effectuer plus librement au dehors, préservant ainsi plus facilement des brusques variations de la température, il empêche la compression des côtes : par la propriété absorbante de l'amiante, il facilite le trop abondant dégagement de chaleur qui s'échappe par les ventouses, enfin il n'offre aucun bourrelet dur et gênant sur le buste, il y a donc une amélioration apportée dans cette partie du vêtement qui constitue un progrès et un grand avantage dans l'intérêt de l'hygiène ».

En 1889 la société Meiffre Neveu et Cie fabrique un corset hygiénique avec le tissu gaze en soie déjà employé pour garnir les bluteries et les tamis.

En 1891 paraît le dynamo-corset, « une des plus heureuses applications de l'électricité et de la métallothérapie, pour combattre l'obésité et le développement du ventre, des hanches et de la poitrine qui en sont la conséquence ! »

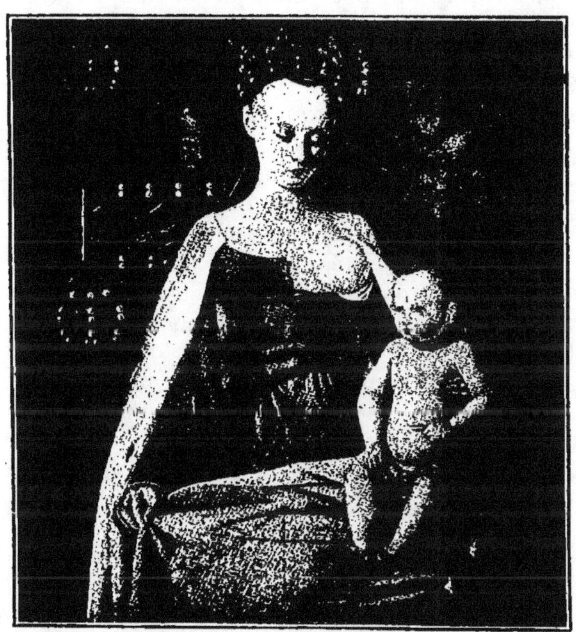

Fig. 157. — La Vierge, par Jean Fouquet (Musée d'Anvers).

Ai-je besoin de dire que c'est l'inventeur qui parle, il continue comme suit, décrivant son invention: c'est un corset ordinaire à l'intérieur duquel se trouve des garnitures dynamoplastiques qui constituent des réservoirs inépuisables de fluide électrique (!) lequel se développe d'une façon toute naturelle par suite de la chaleur du corps et de la moiteur de la peau lorsque les garnitures sont en contact avec elles ; il agit d'une façon douce sur la graisse accumulée dans l'organisme en facilitant la circulation du sang.

Je veux croire l'inventeur convaincu de l'excellence thérapeutique de son corset et lui souhaite beaucoup de commandes, ainsi qu'au créateur de l'électric corselet Vénus du Dr de la Touche qui chante ainsi son modèle. « Ce corselet est fait de deux minces couches de feutre entre lesquelles sont incorporés différents métaux, dont les petites parcelles constituent de véritables couples voltaïques. Sous l'influence de la moiteur de la peau, ces agents métalliques produisent de faibles courants électriques, qui ont une action bienfaisante sur la peau et secondement sur la gorge entière.

Il est absolument irréfutable, en principe, que les courants électriques ont pour effet de fortifier les tissus de la chair ; un muscle atrophié reprend de la vigueur et 'de la fermeté sous l'influence du courant ; ceci est un fait certain.

En portant ce corselet quelques heures à leur lever, avant de terminer leur toilette, les femmes remplaceront avantageusement les bienfaisantes applications électriques car vous n'êtes pas sans savoir qu'elles sont du domaine médical, qu'elles demandent une certaine pratique, et que bien des femmes emportées par le torrent des occupations journalières, ne trouveraient pas le temps de les pratiquer. » C'est pourquoi le Dr de la Touche a appelé ce corselet : Conservateur de la Beauté.

Plus près de nous, en 1893, M. Warzée propose l'intercalation d'une feuille d'étain, d'aluminium ou de tout autre métal dans les corsets dans le but d'intercepter toute transpiration ou humidité, et plus récemment encore en 1898, M. Petit fils, crée un corset fait d'une série de fils d'acier ou de laiton enroulés en ressort.

J'arrête ici cette courte revue, elle suffit à témoigner de la richesse imaginative de nos inventeurs, je veux terminer en consacrant quelques lignes au mode de fixation du corset moderne dit droit devant.

En décrivant la sangle de Glénard, j'ai dit qu'elle devait être maintenue par des sous-cuisses ; il faut empêcher en effet cette ceinture de remonter ; il en est de même du corset et c'est pourquoi l'on a inventé différents appareils de fixation de corset.

Le moyen le plus répandu actuellement c'est l'emploi des jarretelles qui fixées d'une part à la partie antérieure du corset, de l'autre au bas par des agrafes ou des systèmes variés, ont à la fois l'avantage d'empêcher le corset de remonter, celui de tenir le bas tendu, celui de supprimer la jarretière gênante pour la circulation du sang dans les membres inférieurs et celui d'aider, de compléter le mode d'action de la partie inférieure du corset qui appuie sur l'abdomen dont on veut effacer la saillie.

Nombre d'élégantes même écrasent la saillie de leurs hanches, surtout lorsqu'elles présentent une surcharge graisseuse au moyen d'une seconde paire de jarretelles placées latéralement.

Les jarretelles étant le plus souvent fort tendues — le Docteur Lücke les a même accusées non sans exagération de provoquer de la courbure des membres inférieurs — il en résulte parfois une certaine gêne pour la femme. Pour supprimer cette gêne, plusieurs systèmes de fixation du corset ont été préconisés, je citerai celui de M. Wagner, consistant en deux bandes (a) et (b) en tissu élastique, fixées l'une à l'autre en (c) par une couture ou par tout autre mode de fixation approprié.

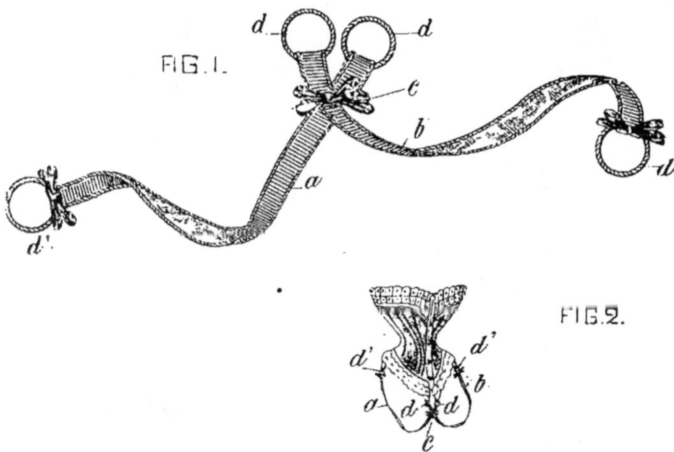

Fig. 158. — Le système Wagner pour fixer le corset.

Grâce à cette fixation en (c), les deux bandes (a) et (b) sont croisées près de l'une de leurs extrémités.

Ces bandes (a) et (b) sont terminées à chacune de leurs extrémités par des anneaux (d), (d) (d') (d').

Les anneaux (d) (d) viennent se fixer en avant du corset dans des crochets ou agrafes disposés à cet endroit pour les recevoir.

Les anneaux (d') (d') viennent au contraire se fixer sur les côtés du corset vers l'arrière et les bandes entourent alors les cuisses, empêchant ainsi le corset de remonter.

Grâce à l'élasticité des bandes (a)(b), l'emploi de ce système pour empêcher le corset de remonter ne procure aucune gêne à la personne qui le porte.

Le système Oliver lancé en mars 1903 procède d'une idée analogue, le corset est maintenu étroitement appliqué sur l'abdomen par une bande qui, pour chaque côté, est fixée à la partie inférieure du corset et vient entourer la cuisse du côté correspondant.

L'appareil Butler qui date de 1902 maintenait le corset par une combinaison de jarretelles et de sous-cuisses.

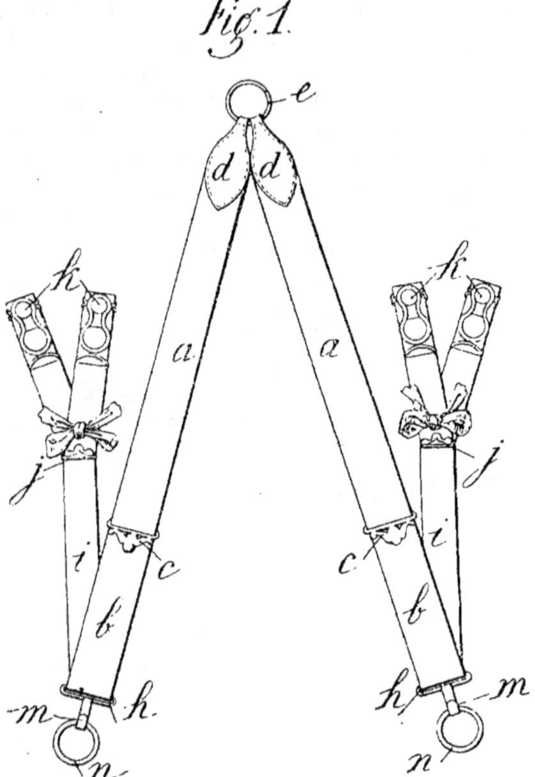

Fig. 150. — Sous-cuisse double à jarretelles

Quoiqu'il en soit de l'ingéniosité de ces systèmes, les jarretelles comme appareil simple et bon marché constituent le mode de fixation du corset adopté par la grande majorité des femmes tout au moins pour celui de leur modèle de corset qu'elles portent d'une façon habituelle.

C'est qu'en effet si j'ai décrit plusieurs types de corsets, si je me suis arrêté longuement sur quelques types de corsets droits, j'ai toujours eu en vue le corset ordinaire pour la ville, et je n'ai fait aucune mention des corsets qui créés dans un but bien déterminé constituent des catégories bien spéciales de corsets.

« Une femme vraiment élégante ne peut se contenter d'une seule forme de corset. Il est certain qu'on ne peut porter avec une robe décolletée, le corset fait pour une robe tailleur pas plus qu'avec une amazone qui demandera encore un corset spécial. D'autres corsets sont nécessaires aussi pour la bicyclette, la robe de chambre, même pour la nuit (!) quand la nature vous a un peu avantagée du côté de la poitrine et enfin il faut le corset pour soutenir un emponboint passager. »

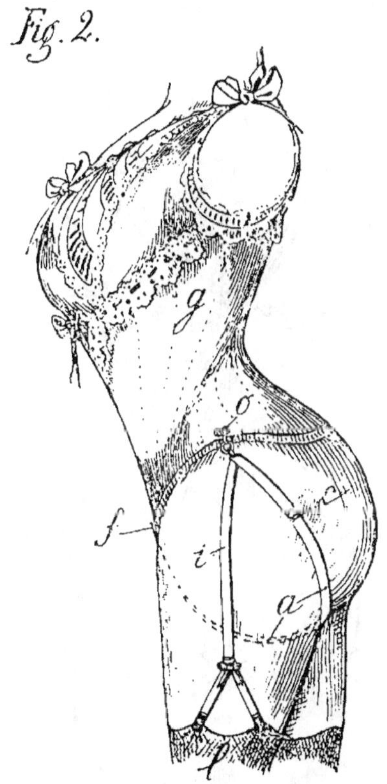

Fig. 160. — Appareil Butler vu de côté.

Mais quel que soit le corset porté par la femme moderne au commencement du xxᵉ siècle, toujours le but cherché est d'amincir la silhouette féminine, en paraissant faire disparaître les saillies de la gorge, de l'abdomen, et des hanches, sans entraver le fonctionnement des organes respiratoire, digestifs et génitaux.

« La nouvelle esthétique, dit Mme de Mirecourt, veut les femmes aussi sveltes et longues que possible. Elle n'admet des reliefs naturels que ce qu'il est impossible

de dissimuler. Elle *transpose* même parfois les rondeurs
anatomiques sans qu'il paraisse y avoir à cela grand danger et, en fin de compte, leur donne une allure plus légère
et plus jeune, infiniment plus naturelle et par cela même
plus artistique. L'hygiène trouve également son compte
à cette nouvelle combinaison puisque le corset *modern*
style laisse toute liberté de fonctionnement à l'estomac
et maintient en respect les organes vitaux qui autrefois,
étaient refoulés de dangereuse façon par la cambrure du
busc, ce qui, pour beaucoup de femmes, nécessitait le
port de la ceinture hypogastrique d'une élégance très con-
testable.

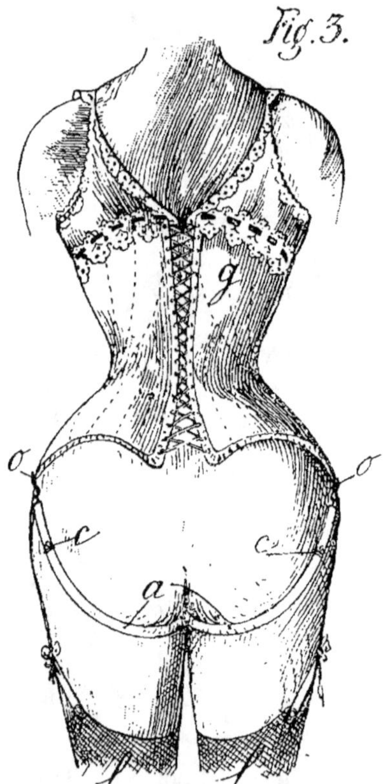

Fig. 161. — Système Butler, vu de dos.

Ces précieux avantages désormais reconnus, il n'est pas
de femme sensée en sa coquetterie, qui puisse résister longtemps à la séduisante perspective d'une idéale transformation. Pourvu qu'elle ait l'allure du jour et ce joli mouvement en avant qui caractérise les Parisiennes élégantes, il
n'est plus nécessaire, aujourd'hui, qu'une femme soit jolie.

Que mes aimables lectrices me fassent la grâce de croire qu'en rendant hommage à la silhouette moderne, je ne songe pas à applaudir aux grossières déformations dont,

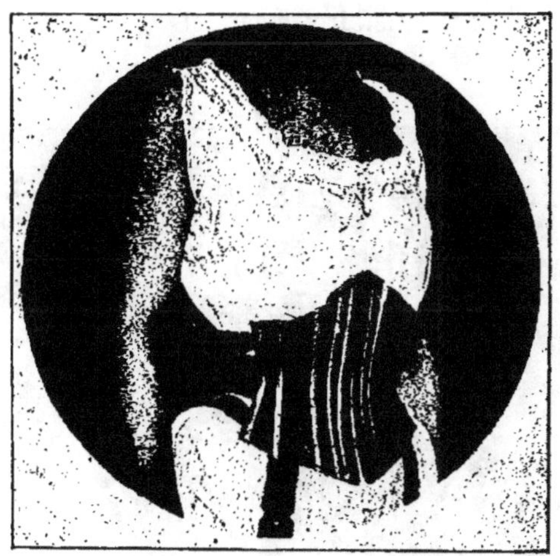

Fig. 162. — Corset-ceinture de repos (1).

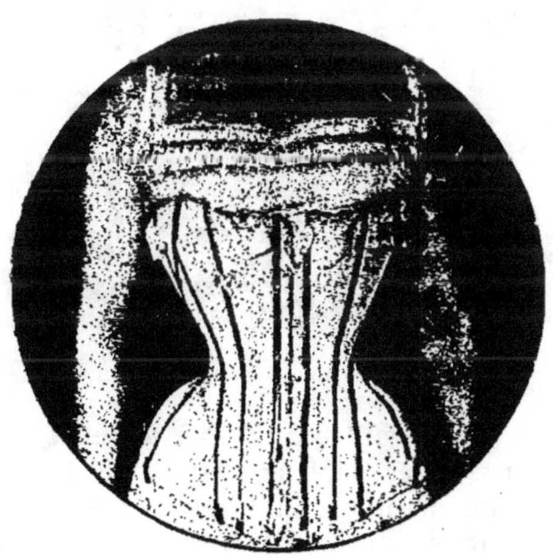

Fig. 163. — Corset Barreiros (1).

il y a quelque trois ans, nombre de femmes firent la lamentable expérience, alors que des tâtonnements nom-

---

(1) Les corsets représentés figures 162, 163, 164, portent des baleines extérieures en papier d'étain et une bordure en fil métallique surajoutées pour les radiographies ainsi qu'il sera expliqué dans le second volume de cet ouvrage.

188

breux tendaient à trouver une formule parfaite de ce que
doit être l'harmonie du buste féminin. »

Nombre de corsetières ont atteint le but désiré et je ne
pourrai citer, tous les fabricants, dont les modèles peuvent actuellement satisfaire à la fois les exigences de
l'élégance et celles de l'hygiène.

Fig. 164. — Le même corset vu de profil.

C'est à de tels travailleurs, c'est à de telles corsetières,
véritablement éprises de leur métier, que la femme doit
la grâce de son maintien, et l'élégance de son costume.
Les dernières années du XIXe siècle parmi toutes les modes
qu'elles ont vu éclore ne lègueront à l'histoire du costume,
qu'un type aujourd'hui catalogué et accepté, le costume
tailleur, avec lequel la femme peut, à la ville, se vêtir d'une
façon simple, pratique et élégante.

Est-ce l'adoption du costume tailleur qui en plus des
conseils des médecins a progressivement poussé les corsetiers à adopter le type du corset effaçant l'abdomen ;
est-ce au contraire le corset abdominal qui a mis en faveur

la mode du costume tailleur, il n'importe, le costume tailleur et le corset droit appartiennent à l'histoire du vêtement féminin ?

Fig. 165. — Corset droit 1901.

Plus tard, prochainement, demain peut-être, quels cha-
pitres ajouteront à l'historique de la mode les couturières

et les modistes, c'est ce que raconteront ceux qui voudront continuer le travail de Racinet : quels modèles ingénieux vont prochainement créer nos corsetiers et nos corsetières, c'est ce que décriront ceux qui voudront après moi reprendre l'histoire du corset.

Fig. 166. — Corset droit 1904.

Cette histoire, toutefois, ne saurait être bien longue maintenant, si toutes les nations suivaient l'exemple de la Russie et de la Roumanie qui proscrivent le corset. En effet, aux termes d'une ordonnance du commencement de

l'année 1898, le ministre de l'Instruction publique, M. Bo-
goljewow interdit le port du corset aux élèves des écoles
supérieures, des gymnases de jeunes filles, des conservatoi-
res de musique et des beaux-arts. Par contre, il paraîtrait
que l'impératrice du Japon aurait, il y a quelques années,
imposé le corset à toutes les dames de la cour.

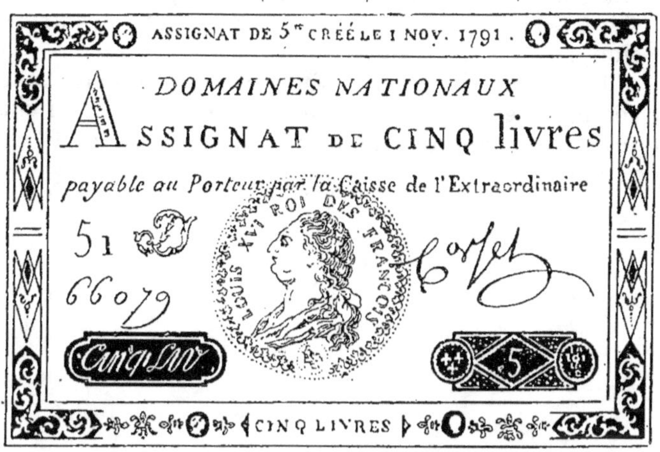

Fig. 167. — Copie d'un assignat de 5 livres (Musée Carnavalet).

En Roumanie, comme en Russie, le ministre de l'Instruction publique a adressé aux directeurs des écoles de
jeunes filles, la circulaire suivante : « Les experiences ba-
sées sur la science et la pratique ayant établi que le corset
est nuisible à la santé, qu'il est un obstacle permanent au
développement du corps et à l'activité des organes de la
respiration, j'arrête que vous devez interdire strictement
l'usage du corset aux élèves de votre établissement ».

Malgré ces circulaires, malgré ces arrêtés, le corset n'est
pas prêt de disparaître. J'en donnerai les raisons dans la
deuxième partie de cet ouvrage, qui traitera du corset au
point de vue de l'hygiène et de la physiologie, mais déjà je
puis penser que « les corsetiers doivent se rassurer et que
leur gagne-pain n'est pas prêt de disparaître », si j'en juge
par ce fait que l'Ecole municipale Jacquard ouvrait, il y a
peu de temps encore (en janvier 1903), un concours pour
un emploi de « maîtresse corsetière » et dont voici le pro-
gramme : Leçon orale après une demi-heure de prépara-
tion. — Confection du coutil blanc. — Coupe, baleinage,
essayage, rectification, finission, garniture d'un corset sur
mesure. — Corset sur mannequin d'après une forme déter-

minée par un dessin, une gravure ou une description écrite. — Interrogations sur l'histoire du corset, son origine, ses avantages, ses perfectionnements, etc.

Je terminerai ce chapitre en reproduisant, à titre de curiosité, un passage des *Costumes Historiques* de Paul Lacroix :

« Sous le règne du papier-monnaie en France, on appe-
« lait *Corset* un assignat de cent sous, parce qu'il était
« signé *Corset*, du nom de l'employé préposé à son émis-
« sion...

« On raconte que les libertins l'offraient à leurs faciles
« conquêtes en disant : « *Corset* contre *Corset* ». La figure
« 167 est une reproduction de cette assignation (1er no-
« vembre 1791). »

CHAPITRE XI

Déjà, au cours de ces recherches historiques sur le corset, j'ai montré — au xviie siècle — que la mode du corset dont je suivais l'histoire, surtout en France, n'était pas spéciale à notre pays. Il en est de même actuellement et dans tous les pays d'Europe, la femme, dans les diverses classes de la société, porte un corset plus ou moins analogue à celui ao nos Parisiennes qui commandent au goût du jour, il n'y a donc pas lieu de décrire au point de vue historique, le corset des Allemandes, des Russes, des Anglaises, etc. Ce qu'il est plus intéressant de constater, c'est que dans quelques types de costumes nationaux, le corset s'est conservé à peu près tel qu'il était chez nous il y a plusieurs siècles. C'est ainsi qu'en Hollande, chez les Zélandais, habitants de l'île de Walcheren, la femme porte, aux jours de grande fête « un corsage qui est un grand corps de baleine se prolongeant en casaquin. » Je reproduis ici le costume d'une femme zélandaise de l'île de Zuid-Beveland dont le corps affecte une forme très nettement ancienne.

De même, dans le canton de Lucerne, les femmes ont des corsets de velours noir en pointe avec plastron très ajusté. En Italie, les paysannes font souvent usage d'un corset palissadé, renforcé de joncs plutôt que de baleines, ce qui le rapproche du corsaletto, cuirasse.

M. Gillebert d'Hercourt, dans une étude d'anthropologie sur les populations sardes, écrit : « Il est une partie du costume de ces femmes qui mérite une mention spéciale, d'abord parce qu'elle a partout la même forme, qu'il n'y a rien en elle que ses ornements et parce que cette forme a été conçue. je peux le dire, selon le vœu de la nature, je veux parler du corset : il se compose de deux parties égales et similaires (une de droite et une de gauche) réunies par derrière et par devant au moyen de lacets.

Par la réunion de ses bords supérieurs, le corset offre en arrière un plastron rigide qui s'élève depuis la ceinture jusqu'au niveau supérieur des épaules et dont, à partir des creux axillaires, le bord

supérieur s'abaisse de chaque côté suivant une ligne courbe qui descend obliquement en se portant
en avant, jusqu'au dessous des seins; alors ce bord devient
horizontal et va rejoindre au devant de l'épigastre celui du
côté opposé. La réunion des deux parties antérieures du
corset forme une bande souple ayant de 6 à 7 centimètres

Fig. 168 — Zélandaise de l'île de Zuid-Beveland.

de hauteur et donnant au corset la solidité dont il a besoin ; en conséquence les seins non comprimés sont seulement soutenus par la chemise et le fichu appliqués au-
dessous et fixés contre la base de la poitrine par la partie
antérieure du corset. »

Je pourrais multiplier les exemples, mais je m'arrête à
ces quelques types pour aborder la dernière partie de l'His-

toire du corset. J'aurais désiré auparavant consacrer quelques lignes à l'étude du corset dans l'art. Ce serait une étude captivante, mais son importance qui est suffisante

Fig. 169. — Italienne (xixᵉ siècle)

pour constituer la matière d'un ouvrage spécial ne me permet pas de la faire au cours de ce travail, dans lequel

Fig. 170. — Parisienne, d'après H. Bouiet.

je dois me contenter de reproduire çà et là quelques documents artistiques ayant trait au corset.

Je viens, dans les pages qui précèdent, de poursuivre

cette histoire depuis les temps les plus reculés jusqu'à nos
jours, mais pour si vaste que soit déjà ce travail, je tiens
à le compléter par quelques notes sur le costume féminin
chez les peuples en dehors de l'Europe, puis sur le corset
des hommes, et par un aperçu historique du corset orthopédique, je terminerai en disant quelques mots des tailleurs de corps.

Il suffit d'examiner avec soin les magnifiques planches
que, dans son ouvrage le *Costume historique*, Racinet a

Fig. 171. — La femme au corset, de Henri Boutet.

consacrées aux peuplades de l'Asie, de l'Afrique, de l'Amé-
rique et de l'Océanie pour remarquer parmi les types qui
s'y trouvent représentés, plusieurs figures de femmes dont
le torse est maintenu par un vêtement serré.

Chez la Javanaise, les épaules et les bras sont nus, un
pagne ceint le thorax et recouvre en partie les seins. Les
femmes dayas de Bornéo portent un pagne et une camisole
sans manches, le tout en coton et serrant le corps au plus
près. Chez les Cafres, les femmes portent au-dessous du
cou, un voile en bandelette assez large, fait de membranes
de bœuf, attaché derrière le dos, voile qu'elles ornent de

grains de verre de différentes couleurs ; c'est une variante
du lien du sein, stethodesme des Grecques. Les bayadères
de l'Inde se revêtent d'un corset fait de l'écorce d'un
arbre de Madagascar et disposé de façon que chaque sein
s'emboîte exactement dans son enveloppe. « Mais écoutez :
la couleur de celle-ci ressemble tellement à la peau que
l'œil trompé croit voir une gorge nue ; l'étoffe en est si
fine que le toucher le plus délicat ne peut distinguer l'enveloppe d'avec la partie qu'elle cache ; enfin l'élasticité
dont elle est douée, permet aux mouvements respiratoires
de s'effectuer librement. Les bayadères ne quittent jamais
ce corset ; elles le gardent même dans leur lit et conser-
vent ainsi la beauté et la délicatesse de leurs seins jusqu'à
un âge très avancé... »

Les bayadères, ajoute Raynal dans son *Histoire philosophique du commerce et des établissements européens
dans les deux Indes*, enferment leurs seins dans de légers
écrins. Rien n'égale leur attention à conserver leur sein
comme un des trésors les plus précieux de la beauté. Pour
l'empêcher de grossir ou de se déformer, elles l'enferment

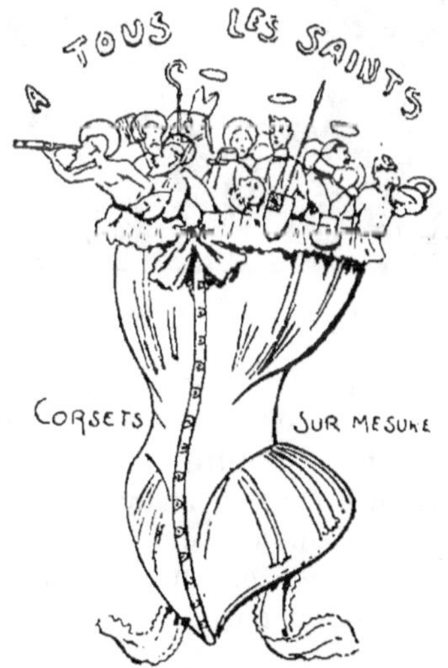

Fig. 172. — Enseigne, par Abel Truchet, destinée à une corsetière
et primée au Concours des Enseignes (décembre 1902).

dans des étuis formés d'une étoffe tissée avec l'écorce très
fine d'un arbre. Ces étuis, joints ensemble et bouclés par
derrière, sont si jolis et si souples, qu'ils se prêtent à tous
les mouvements du corps sans aplatir, sans offenser le
tissu délicat de la peau. Le dehors de ces étuis est revêtu

d'une feuille d'or parsemée de brillants. C'est là, sans contredit, la parure la plus recherchée, la plus chère à la beauté, et ce voile qui couvre le sein sans en cacher les palpitations, les molles ondulations, n'ôte rien à la volupté.

J'ajouterai à ces exemples, la description et la reproduction du costume d'une femme de l'île Roti dans l'archipel des Mollusques.

Fig. 173. — Le tailleur pour femme, de Cochin fils (1737) (1).

Le haut du corps est couvert d'un tissu de soie mélangé de fils d'or. Ce vêtement est en plusieurs pièces se réunissant sur l'une et l'autre épaule s'attachant sur le côté et sur le devant. Ce sont les formes moulées qui donnent l'élégance à ce corsage fin, serré de près. Et il est curieux de voir combien ce type de corsage ressemble à ces surcots si justes au corps dans lesquels les femmes

---

(1) Cette estampe selon la coutume est accompagnée du huitain suivant :

Que ton métier est gracieux !
Tailleur, que je te porte envie !
Tu peux des appas de Sylvie
Librement contenter tes yeux.

Je supporterais sans murmure
Les maux qu'elle me fait souffrir
Si j'étais sûr de parvenir,
A prendre à mon gré sa mesure !

du douzième siècle s'emprisonnaient le buste. Je ne parle pas à nouveau du corset des femmes annamites décrit au commencement de ce livre et je laisse intentionnellement de côté tous les types chez lesquels la taille est comprimée plus ou moins par une simple ceinture ; ils seraient trop nombreux à citer.

Je tiendrai toutefois à faire dès maintenant cette remarque qui me sera utile pour les conclusions de cet ouvrage, à savoir que si chez toutes ces peuplades l'usage

Fig. 174. — Femme de l'île Rotti.

de se comprimer la taille par une ceinture n'est pas absolument général, l'emploi de celle-ci se retrouve toujours chez les peupes dont l'habillement féminin comprend un vêtement, jupon ou pantalon, qui protège la partie inférieure du corps. Ce vêtement est toujours retenu au-dessus des hanches par un cordon, par une ceinture qui le fixe à la taille.

Je rapporterai encore un fait qui prouve combien le corset, pousse toujours plus avant ses conquêtes. En 1889,

lors de l'abolition de l'esclavage au Brésil, le décret à
peine promulgué, toutes les dames et demoiselles émanci-
pées se précipitaient en masses compactes chez les corsetières pour se procurer à tout prix cet objet de toilette dont

Fig. 175. — *Le Lacet* (vignette de Monsiau (1796)
pour les œuvres de J.-J. Rousseau).

le port était jusqu'alors interdit depuis un temps immémo-
rial aux femmes esclaves. Les corsetières du Brésil n'ont
pas vendu, en trois jours, moins d'un demi-million de
corsets.

CHAPITRE XII

Les quelques lignes qui précèdent consacrées au vêtement féminin chez les peuples hors de l'Europe prouvent que si les rudiments du corset se retrouvent dans l'histoire de tous les temps, ils se retrouvent aussi dans l'histoire de tous les pays.

Quoi donc d'étonnant à ce que le corset, aussi universellement connu, ait été porté par les hommes ? Ceux-ci n'ont-ils pas eu à faire valoir parfois pour adopter ce vêtement les mêmes raisons, bonnes ou mauvaises, sérieuses ou frivoles, par lesquelles les femmes expliquent l'usage du corset et dont elles se servent pour proclamer la nécessité de cette partie de leur habillement ?

Dans les jeux olympiques, les Grecs se ceignaient les reins du soster et les Romains du cingulum. Chez ces mêmes anciens « les corsets destinés aux torses masculins étaient des cuirasses formées de lames de bois de tilleul qui soutenaient le tronc comme en portait le Cinésias, l'homme au tilleul, raillé par Aristophane dans sa comédie des Oiseaux ou qui dissimulaient la voussure de la vieillesse à l'exemple d'Antonin le Pieux, lequel, au dire de Capitolin, se garnissait la poitrine de petites planchettes de bois léger afin de marcher droit. »

En France, les corsages étroits ajustés à la taille apparaissent vers le milieu du xive siècle, sous le roi Jean. Ces vêtements étaient lacés sur les côtés ou en arrière et quelquefois munis d'agrafes en avant. Les gipons ou justaucorps, étaient rembourrés de crin et faisaient saillir la poitrine des seigneurs avec excès ; on prétend, dit Roger Milès, que cette coutume fut amenée par l'usage des cuirasses bombées. A la Renaissance, on ajoute un busc en haut du pourpoint qui prend le nom de corsetus et les deux sexes s'en couvrent la poitrine. Sous François II, en vertu de la mobilité de la mode et de la loi des contrastes qui la régit, ce buste descend et dessine la panse de Polichinelle, digne pendant des grotesques vertugadins. De là, les plaintes de Montaigne : « Quand nostre peuple portoit le busc de son pourpoint entre les mamelles, il maintenait par vifves raisons qu'il estoit en son vray lieu ; quelques années après le voyla avallé jusques entre les cuisses, il se mocque de son austre usage, le trouve inepte et insupportable. »

En 1488, les élégants portaient des écrevisses de velours c'est-à-dire des corselets en lames d'acier recouvertes de velours pour faire fine taille.

Bientôt le satirique Agrippa d'Aubigné, maltraitera Henri III, en ces vers indignés :

> Son menton pincelé,
> Son visage de blanc et de rouge empasté,
> Son chef tout empoudré, nous firent voir l'idée,
> En la place d'un roy, d'une p... fardée.
> Pensez quel beau spectacle, et comme il fit bien voir
> Ce prince avec un busc, un corps de satin noir
> Couppé à l'espaignolle, où des déchiquetures
> Sortaient des parrements et des blanches tissures.

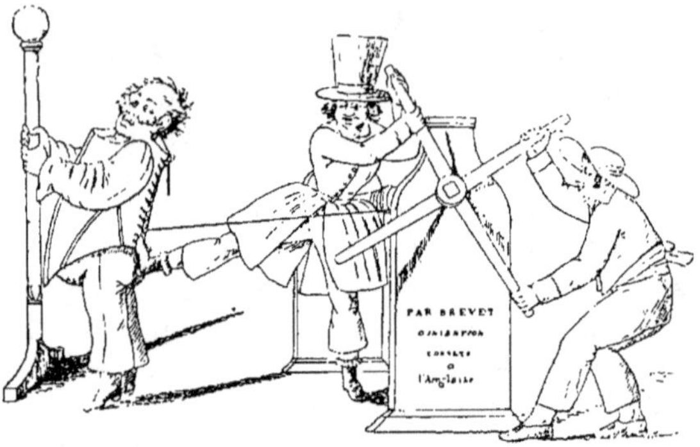

Fig. 176. — La rage de la mode.

Avec Henri IV, la bosse d'estomac des mignons disparaît et les pourpoints s'affranchissent de leurs buscs ; les hommes abandonnent la rigidité du corsage à la gent caractérisée par « les cheveux longs et les idées courtes. » Le fils de Louis XIV portait un corps baleiné « pour lui tenir la taille ferme » et ajoute son valet de chambre Dubois, pour le protéger contre les coups de son brutal gouverneur, M. de Montausier (Dr Cabanès, *Les Indiscrétions de l'Histoire*.)

Au XVIIIe siècle, les jeunes garçons portaient des corps spéciaux qui étaient des intermédiaires entre les brassières de l'enfant et les longs gilets de l'adulte. L'*Encyclopédie* de Diderot donne la coupe d'un corps de garçon à sa première culotte.

En Angleterre, les hommes prirent également l'habitude de porter des corsets et une caricature du siècle dernier montre que les corsets à l'anglaise comme toutes les autres modes, cherchèrent à s'implanter en France. Cette estampe a pour légende : « La Rage de la mode ! ou Milord Tripp chez un fabricant de corsets »; elle est accompagnée de ce dialogue :

Milord. — Goddem ! je crois que le corset il être trop équitable.

Le Fabricant. — Milord, vous creverez, où je vous rendrai aussi plat que vos petits-maîtres.

Vers 1840, l'habit ou la redingote à taille pincée rendait obligatoire le port d'un corset. Aussi à la reprise de la *Dame aux Camélias* qui se fit en 1896 à la Renaissance avec la reconstitution des costumes de l'époque, les artistes masculins furent-ils astreints à porter des corsets pour rester dans le style pur de cette date. Le fabricant de ces corsets, M. Châne, écrivait alors à M. Pighini : J'ai l'honneur de vous informer que tous les corsets qui m'ont été commandés pour le théâtre de la Renaissance sont prêts. Les artistes ont été avisés de venir les essayer de suite. Quelques-uns de ces messieurs sont venus et sont partis avec leur corset qu'ils feront bien de porter dès maintenant pour se former la taille. En portant leurs corsets dès à présent, ils auront le temps de s'y habituer et d'apprendre à les agrafer et dégrafer aisément, et les ventripotents s'aminciront la taille, le ventre et le torse en général. Ils feraient même bien de porter régulièrement leur corset pour que leur torse soit ramené aux proportions de l'esthétique.

La plupart des comédiens suivirent ce conseil et portèrent à la ville le corset obligé ce qui aurait stupéfié bien des dames, si elles s'étaient avisées de leur prendre la taille. (Dr Witkowski).

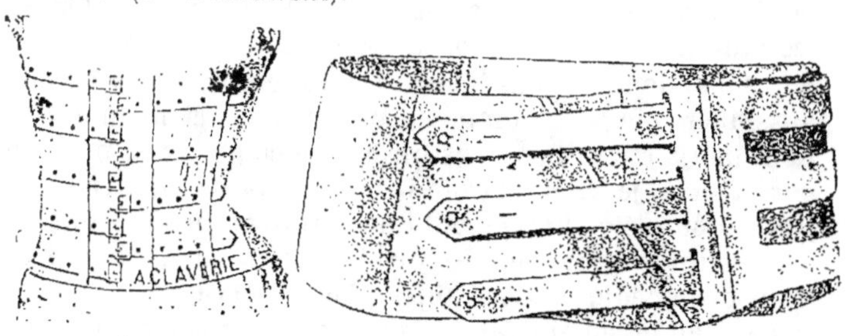

<table>
<tr><td>Fig. 177.
Corset anatomique pour
homme de A. Claverie.</td><td>Fig. 178.
Péri-Ceinture du docteur Objoit.</td></tr>
</table>

« Nombre d'officiers d'infanterie et surtout de cavalerie, ont porté et portent encore le corset sous leur tunique impeccable. Le théâtre, si justement appelé le miroir des mœurs, plaisante ce travers dans les *Enfants de troupe*, comédie de Bayard et Bieville, représentée au Gymnase en

1840 ; on y voit, au lever du rideau, la maîtresse couturière Lodoïska lacer en cachette le capitaine Sevelas qui,
comme une vieille coquette, ne se trouve jamais assez
serré. De nos jours encore, sportmen, officiers, vieux-
beaux, portent des corsets que les fabricants désignent
plus souvent sous le nom de ceinture ; telle la ceinture
olympique, la ceinture-corset, la ceinture de sport, la cein-
ture-maintien, etc. Les buscs et les baleines y sont rem-
placés par des tiges d'acier flexible, et le plus souvent, au
lieu de lacets, il y a des sangles élastiques ou des boutons à pression. Ces ceintures sont faites en coutil, en
soie, en tissu élastique, en peaux de daim, en peau de
chien ou de coyotte du Mexique. »

Dans quelques cas, les ceintures-corsets pour hommes
sont appliquées directement sur la peau, dans le but, quelquefois atteint, de produire par une compression progressive et par la sudation locale, une diminution de l'embonpoint abdominal.

« Terminons en rappelant avec le malicieux *Cri de
Paris*, un incident comique qui eut lieu au cours du professeur Ranke, le physiologue bien connu de l'Université
de Munich. Le professeur en expliquant la différence du
tour de taille chez l'homme et chez le singe, se permit une
inoffensive plaisanterie sur l'habitude qu'ont les dames et
les officiers allemands de s'arranger de fines tailles. Or,
parmi les auditeurs, se trouvait le prince George, fils de
Léopold de Bavière, jeune homme de vingt ans et officier
à la suite d'un régiment d'infanterie. Cet adolescent prit
mal l'allusion et le professeur, un peu ahuri, dut déclarer
publiquement « qu'il n'avait pas eu l'intention d'offenser
les officiers allemands portant corset. »

Ainsi donc en tous lieux, en tous temps, par la femme
aussi bien que par l'homme, le corset ou le vêtement qui en
tient lieu a été utilisé dans un but de coquetterie, mais ce
corset dont je viens d'examiner les aspects si variés n'a
pas toujours été simplement une parure et bien des fois on
a construit spécialement le corset dans un but de thérapeutique orthopédique. C'est ainsi qu'un célèbre poète anglais
Pope, était tellement faible de corps, qu'un corset lui était
chaque jour appliqué par son domestique pour le soutenir.

Comme le corset ordinaire, je dois donc étudier le
corset orthopédique, c'est-à-dire en écrire d'abord l'histoire.

Toutefois, je le ferai brièvement d'autant que l'histoire du corset orthopédique à ses débuts se confond avec
l'histoire du corset employé comme vêtement. Le corset

orthopédique a, en effet, existé de tout temps, il suffit de
lire les auteurs grecs et latins, pour trouver en abondance
les passages où les auteurs parlent du corset employé pour
corriger un vice de conformation du thorax, des épaules,

Fig. 179. — Machine de Levacher.

du dos. Déjà j'ai, en écrivant l'histoire du corset à la première période, rapporté nombre de citations qui justifient
cette assertion et je m'exposerais à des redites en multipliant les textes. En outre, j'ai reproduit, en écrivant l'histoire du corset au XVIᵉ siècle, plusieurs types de corsets
en fer qu'il y a tout lieu de considérer comme des appareils d'orthopédie.

Au XVIIIᵉ siècle, le corps baleiné lui-même fut employé indirectement comme corset orthopédique, il jouait
le rôle de support, c'est ainsi qu'il se trouve utilisé dans
la machine de Levacher de la Feutrie (1772).

La machine de Levacher se compose d'un corset baleiné et ne diffère des corsets ordinaires qu'en ce qu'il
est fait pour être lacé par-devant et qu'il a deux coquilles
embrassant les hanches le plus exactement possible. Ce à
quoi l'on devait faire attention dans la façon de ce corset,
c'était à la coupe des épaulettes et aux coquilles. Il faut
que les épaulettes repoussent faiblement les épaules en
arrière, en les soulevant en même temps un tant soit peu
sous les aisselles. Il faut que les coquilles embrassent les
hanches bien exactement d'arrière en avant, de sorte que

le corps étant pressé de haut en bas, il appuie principalement sur la partie supérieure des fesses par une large sur-
face et non pas seulement sur la crète des îles. La
deuxième partie de cette machine se compose de la tige
ou arbre suspenseur en acier battu à froid en forme de
faucille dont la courbure laisse dans tout son trajet entre
elle et la tête un vide au moins de deux doigts. Sur le
bord supérieur, on voit quelques crans distants de deux
lignes. L'extension et la contre-extension se produisent par
la crémaillère disposée à la partie lombaire et le point
d'appui disposé à la partie supérieure de l'arbre suspenseur.

De tous les biens que cette machine peut procurer, le
plus précieux est incontestablement celui d'ôter le poids
de la tête et de toutes les autres parties du corps qui y
sont attachées, d'empêcher par conséquent leur action sur
la colonne de l'épine.

Déjà, en 1762, Roux avait imaginé un appareil analogue
pour maintenir la tête et le buste droits, ainsi que Heister,
anatomiste et chirurgien, mort en 1758.

Dionis a très bien exprimé ce qu'on doit attendre du
corset orthopédique et que ce corset doit être spécial à
chaque cas en écrivant : il ne faut pas qu'un chirurgien,
ayant à soigner un enfant qui aura de la disposition à être
bossu, promette plus qu'il ne peut accomplir comme font
des couturières, des tailleurs et des fabricants de corps de
fer qui, pour tirer de l'argent, assurent de donner une
taille aussi belle que si on n'avait jamais été contrefait. On
ne saurait pas prescrire positivement et en particulier ce
qu'il faut faire à la gibbosité. Si l'épine se jette en dehors,
on couchera l'enfant sur un matelas un peu dur, l'y tenant sur le dos et sans chevet afin que la tête et l'épine
soient au même niveau. Si elle se porte à droite ou à
gauche il faut, par le moyen de petits corsets faits exprès,
comprimer l'endroit qui pousse. L'usage des croix de fer
attachées à l'épine, aux épaules et au col, est excellent
pour tenir ces parties égales les unes aux autres. C'est au
chirurgien industrieux à inventer des machines capables
de combattre la difformité et de la corriger autant qu'il se
peut, prenant garde surtout de ne point presser les parties contenues dans la poitrine, lesquelles ne peuvent avoir
trop de liberté dans leurs mouvements si nécessaires à la
vie.

Dans un savant mémoire présenté à l'Académie des
sciences, Portal (1797) a aussi parlé des corsets orthopédiques émettant sur ceux-ci une théorie qui a rencontré de

nos jours plus d'un contradicteur, comme je le montrerai
en étudiant l'influence du corset sur le rachis. Portal écrivait en effet : Les personnes qui n'ont point fait usage de
corps doivent y recourir si elles ont de la faiblesse dans
les muscles du dos ou que, par quelque autre cause, leur
épine se courbe trop vite ; c'est le seul moyen de prévenir
un plus grand dérangement de la taille. Pour un renverse-
ment de l'épine sur le côté, j'ai employé avec succès, une
seule machine d'acier fort légère et qui soutient l'épine et
les épaules.

Fig. 180.   Fig. 181.
Appareil orthopédique de Portal.

Marcartney, au contraire, soutenait, dès 1826, une théorie qui ne peut qu'être agréée par les mécanothérapeutes
contemporains : si la personne, dit-il, est jeune et si la
courbure n'existe que depuis peu de temps, quelque
grande que soit la difformité, on ne doit pas désespérer
d'un rétablissement parfait. Tant que le corps grandit, toutes ses parties ont une forte tendance à reprendre leur
forme et leur emploi déterminé quand les circonstances
sont favorables et que les mouvements du système vascu-
laire annoncent de la vigueur et de la santé.

Les corsels orthopédiques, au commencement du XIXe
siècle, étaient construits selon deux principes différents
qui permettent de ranger ces appareils en deux groupes
distincts.

Dans un premier groupe, l'instrument était calculé dans l'intention de soutenir une partie du poids du tronc, de la tête et des membres pectoraux et de le transmettre direc-

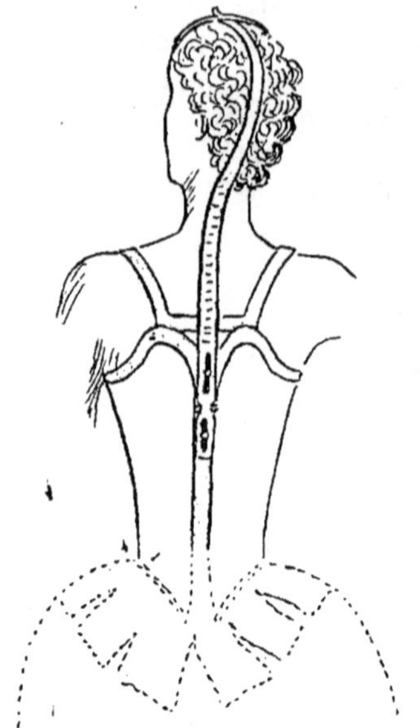

Fig. 182. — Corset de Portal vu de dos.

tement au bassin sans la médiation de l'épine, d'appliquer au besoin une impulsion ascendante à la partie supérieure de l'épine par la médiation des côtés ; de n'employer ja-

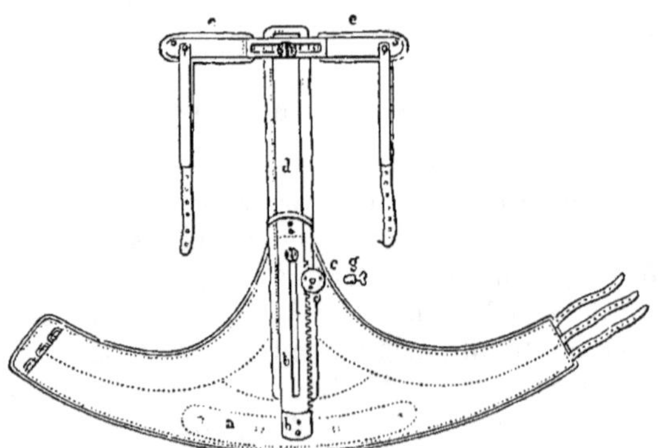

Fig. 183. — Corset suspenseur de Delpech (1828).

mais que des puissances élastiques et des forces progressives dans le but proposé. C'était le principe du corset suspenseur de Delpech (1828).

Dans le second groupe, il faut ranger le corset de
Hossard dont « le principe fondamental fort simple repose
sur l'appréciation des lois d'équilibre qui régissent la sta-
tion dans l'espèce humaine. Au lieu d'agir sur l'épine comme sur un corps inerte à la manière de diverses machines
à extension, soit en exerçant des tractions en sens opposé
à ses deux extrémités, soit en pressant plus ou moins fortement sur les parties saillantes et au centre des courbu-
res. Au lieu d'opérer comme elles le redressement par des
moyens purement mécaniques pris en dehors du sujet et
nécessairement aveugles et non continus, la ceinture opère
le redressement de la taille en provoquant l'intervention
des puissances musculaires dont les effets sont réglés par
l'instinct ou la volonté de la personne elle-même, qui ne
peut dès lors être exposée aux violences qu'on doit redouter de la part de toute machine à vis, à poids, à treuil ou
à ressort. »

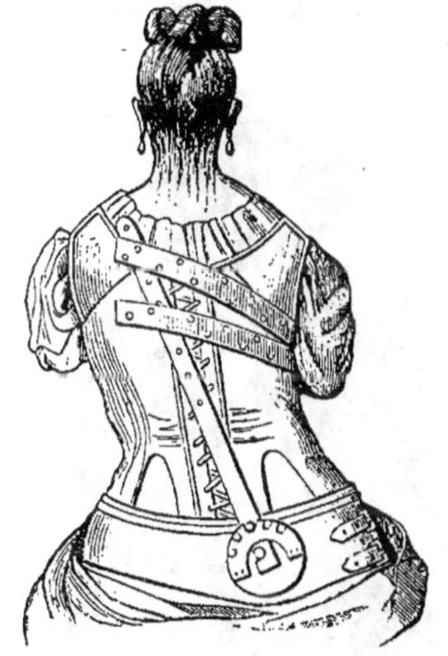

Fig. 184. — Appareil de Hossard.

« L'appareil de Hossard se compose principalement
d'une large ceinture embrassant circulairement le bassin
(sans le comprimer) d'un busc ou levier qui s'y adapte à la
partie postérieure d'un sous-cuisse et d'une large courroie
qui, bouclée en avant de la ceinture, remonte obliquement
en passant sur la partie la plus saillante des côtes vis-à-vis
le centre de la courbure dorsale vient se fixer solidement
au levier qui doit être plus ou moins incliné suivant la nature de la déviation. Cette courroie est disposée de telle
manière qu'elle ne peut être fixée ainsi qu'autant que la
personne se sera préalablement inclinée du côté opposé ;

or, dans cette position qui entraînerait nécessairement la chute, un mouvement en sens contraire devient indispensable pour ramener l'équilibre. Par ce mouvement que

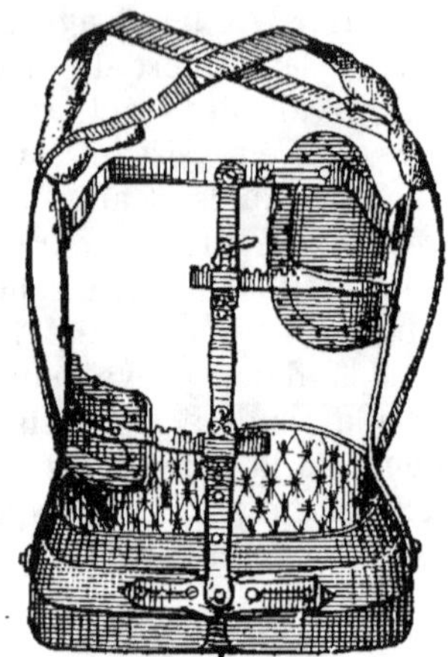

Fig. 185. — Corset orthopédique de Chemin

Fig. 186. — Un corset orthopédique pour le redressement de la scoliose construit par Lacroix en collaboration avec Le Fort.

peut seule exécuter alors la partie de la colonne qui est située au-dessus de la courroie, la moitié supérieure de l'arc

que représente l'épine déviée se trouve ramenée dans l'axe
vertical. Les parties déviées étant placées pendant tout le
cours du traitement dans des conditions toutes différentes
de celles qui avaient fait naître la difformité, on comprend
qu'en les maintenant, dans ces conditions pendant le temps
voulu et d'une manière continue la consolidation aura d'autant plus de facilité à s'opérer, que d'une part l'état général pourra être amélioré par des soins hygiéniques et médicaux convenables et que de l'autre c'est pendant la sta-
tion, c'est-à-dire dans la position que gardera habituellement la personne après le traitement, que le travail de consolidation s'opérera. »

Tout ceci n'est point absolu et je crois que s'il faut
accepter de faire jouer dans les déviations de la colonne
vertébrale un rôle au système osseux ainsi qu'au système
musculaire, il faut aussi accepter l'alliance dans la cons-

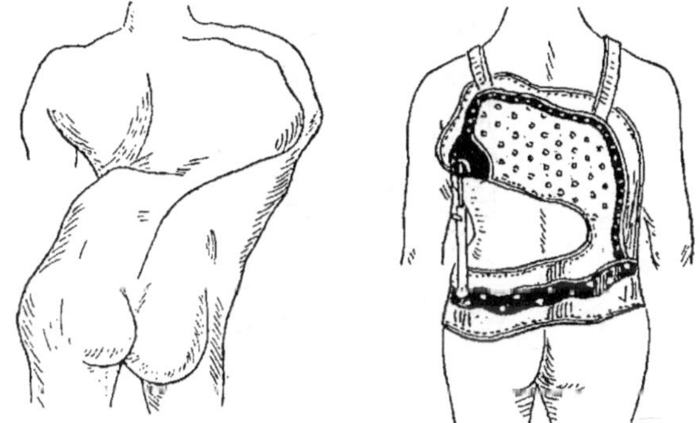

Fig. 187. — Corset pour scoliose au 3e degré par Raynal.

truction des corsets orthopédiques des moyens de soutien
et des procédés qui favorisent la mise en jeu de muscles
capables de combattre la difformité. Ce qui est acquis et
cela tombe sous le sens, c'est l'obligation de ne pas faire
un corset orthopédique à la légère ; c'est l'obligation de
fabriquer chaque corset pour chaque cas spécial et de plus,
au cours du traitement d'un même cas, il faut ou modifier
le corset ou en fabriquer un nouveau, suivant les résultats obtenus.

Ceci explique pourquoi l'on ne peut suivre l'histoire
du corset orthopédique pas à pas comme je l'ai fait pour
le corset ordinaire ; le second, bien que devant toujours,
lui aussi, être fait sur mesure, se rapporte à une généralité
d'individus, le premier, au contraire, ne se fabrique que
pour des unités exceptionnelles.

Ne pouvant donc faire défiler sous les yeux du lecteur
tous les modèles de corsets orthopédiques construits, je me

contenterai d'en reproduire quelques types, œuvres de Chemin, Lacroix, Raynal, spécialistes réputés.

Je citerai pour mémoire le corset plâtré de Sayre, qui est une cuirasse obtenue avec des bandes de tarlatane frottées de plâtre sec que l'on immerge dans l'eau tiède avant de les employer et les corsets de bois décrits par les

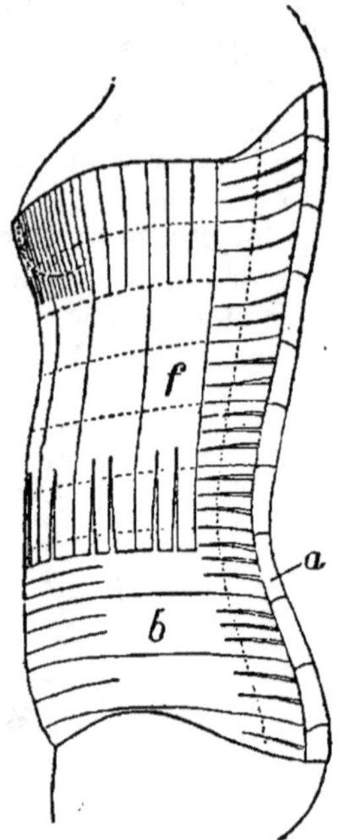

Fig. 188. — Corset de bois.

docteurs Beck de Berne et Beely de Berlin, dans l'*Illustrite Monatsschrift der Arztlichen Polytechnick* et par mon confrère et ami le Dr Bilhaut, dans les *Annales d'Orthopédie et de Chirurgie pratiques*, corsets qui sont composés de toile et de bandes de bois de placage de sycomore ou de noyer, disposées sous trois épaisseurs.

CHAPITRE XIII

La fabrication du corset dont l'origine est si ancienne a, depuis très longtemps nécessité des ouvriers spéciaux.

Dès le XIIIe siècle, les tailleurs existaient sous le nom de « coupeurs de robes », *robarum scisores* et fournissaient sur mesure tous les vêtements depuis la chemise jusqu'au manteau.

« Jusqu'à la fin du XIIIe siècle, les associations ouvrières se donnent leurs règlements et fusionnent sans que le Pouvoir intervienne ; du XIIIe au XVIII siècle, elles lui soumettent leurs règlements et attendent sa sanction pour entrer en action ; enfin, du XVIe siècle à la Révolution, le Pouvoir discute ces mêmes règlements et les modifie s'il le juge à propos. »

Fig. 189. — Tailleurs de corps à Bâle. Fig. 190. — Tailleurs de corps à Stendal (XIVe siècle).

La corporation des tailleurs ou couturiers ne fut organisée qu'en 1402.

En 1491. Olivier de la Marche en fait mention dans le *Parement des dames :*

> Ung cousturier nous convient rencontrer
> Pour cotte simple tailler à ma princesse.

La confrérie des tailleurs était placée sous le patronage de la Trinité. et se réunissait à l'Eglise de la Trinité, rue Saint-Denis.

Le bureau de la corporation était situé quai de la Mégisserie.

214

Les armes des tailleurs étaient : de gueules, a des ciseaux d'argent ouverts en sautoir.

Sous Henri II (1547-1559, les valets tailleurs ajustaient, outre les vêtements, les chemises et les caleçons des maîtresses des gentilshommes et ceux-ci regardaient d'un œil

Fig. 191. — Atelier de tailleurs de corps (1769).

jaloux ces industriels favorisés : « Est-il possible que cest homme ait esté mon rival ? » disait un prince en montrant le maître habilleur de sa femme et il ajoutait avec philosophie : « Oui, je le crois, car osté ma grandeur, il m'emporte d'ailleurs. » (II. Bouchot. Les *Femmes de Brantôme*.)

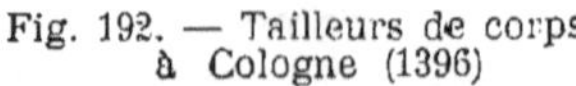

Fig. 192. — Tailleurs de corps
à Cologne (1396)

Fig. 193. — Armes d'une corporation
de tailleurs de corps.

Jusque vers la fin de l'année 1675, les tailleurs eurent seuls le privilège « de confectionner toutes les pièces ajustées de l'habillement féminin », le corset compris par conséquent.

« Aucuns ouvriers, écrit Furetière en 1663, dans la *Nouvelle histoire du temps où relation véritable du royaume de coquetterie* font profession d'un art nouveau d'ajusteurs de gorges, se faisant fort d'empêcher grosses gorges de trop paraître et de donner du relief aux imperceptibles. »

Ce privilège permettait parfois aux galants de s'introduire auprès de leurs belles, sous le fallacieux prétexte de prendre la mesure d'un corset.

Au commencement du XVIIe siècle, les couturières firent leur apparition.

« Les couturières n'ont pas, comme on pourrait le croire, le droit de façonner les divers vêtements qui composent l'ajustement féminin mais seulement les robes de chambre, jupes, justaucorps, manteaux, camisoles, à

Fig. 194. — Tailleurs de corps
à Berlin.

Fig. 195. — Tailleurs de corps
à Strasbourg

la réserve des corps de robes et bas de robes que seuls peuvent faire les tailleurs. Les couturières ne peuvent employer aucun compagnon tailleur, ni les maîtres tailleurs aucune fille couturière. Ne peuvent les maîtresses couturières faire aucun habit d'homme.

Les tailleurs (unis aux pourpointiers en 1660) ont seuls le droit de façonner les corps de robes et bas de robes de femmes ainsi que les divers vêtements d'hommes. Le client fournit l'étoffe que le tailleur se borne à façonner.

Les couturières n'avaient, au surplus, été érigées en communauté que par les lettres patentes du 30 mars 1675. Lesdites lettres, après avoir rappelé que par l'édit de mars 1673, il avait été ordonné que tous ceux qui faisaient profession de commerce seraient érigés en corps communauté et jurande, s'exprimaient ainsi : « En exécution duquel édit plusieurs femmes et filles nous ont remontré que de tout temps elles se sont appliquées à la couture pour faire pour les personnes de leur sexe, leurs jupes, robes de chambre, manteaux ; que ce travail étant le seul moyen qu'elles eussent pour gagner honorablement leur vie, elles nous auraient supplié de les ériger en communauté ayant d'ailleurs considéré qu'il était assez dans la bienséance et convenable à la pudeur et à la modestie des femmes et filles de leur permettre de se faire habiller par des personnes de leur sexe lorsqu'elles le jugeront à propos, etc... »

Considérant qui n'empêcha pas la reine Marie-Thérèse de prendre Garda Baudelet pour corsetier; certains tailleurs ayant pris le titre de tailleurs de corps de femmes et d'enfants et s'étant fait une spécialité du corset.

Marie-Thérèse d'Espagne (1638-1683), au dire de Touchard-Lafosse, aurait bien voulu se dispenser de se faire lacer par des hommes, selon les usages et coutumes de la

Fig. 196. — The Staymaker (le faiseur de corps à baleine).

cour, toutefois l'innovation qu'elle se proposait avait une telle importance qu'elle n'osa en prendre la responsabilité. Elle consulta le roi, mais son auguste époux lui refusa la satisfaction demandée.

Cette spécialisation des tailleurs n'était pas absolue puisque en 1773, d'après l'abbé Joubert, les tailleurs de corps faisaient, outre les corsets baleinés « les corsets blancs sans baleines et à deux buscs, les camisoles, les fausses robes pour les filles, etc...

Toutefois, au XVIIIe siècle, le tailleur pour femmes faisait fureur, et les femmes de la pudique Albion confiaient, dès cette époque, à des tailleurs le soin de confectionner leurs corsets.

Cette mode fut l'objet de nombreuses satires; telle l'estampe du tailleur qui « serre » de près le « corps » de sa cliente.

Le Dr René Fauvelle rappelle dans les *Etudiants en Médecine sous le grand roi*, imprimé en 1612, les privautés que se permettaient les tailleurs pour dames : une jeune fille s'étant plainte que son corps la pressait un peu d'enhaut, le tailleur le tira avec les dents par devant pour lui faire prendre la forme qu'il devait.

Fig. 197. — Le tailleur de corps.

Ces chevaliers du busc et de la couture étaient depuis longtemps coutumiers du fait, une scène de la *Farce du couturier* en témoigne encore.

Les tailleurs de corps ne constituaient pas la seule corporation qui eut des ennemis ; pour des raisons économiques, nombre de personnes s'élevèrent contre les privilèges de tous les groupements professionnels en général. En 1775, paraît le travail du président Bigot de Sainte-Croix véritable réquisitoire contre le régime corporatif et qui portait comme titre : *Essai sur la liberté du commerce et de l'industrie*.

Me Delacroix, avocat, rédigea en réponse à ces pages un *Mémoire à consulter sur l'existence actuelle des six corps et la conservation de leurs privilèges*. Son argumentation ne fut pas écoutée car, le 22 février 1776, un édit supprime les mémoires publics pour la défense des corporations et quelques jours plus tard, un édit supprime les maîtrises et jurandes c'est-à-dire les corporations. Cet édit fut enregistré à la séance du Parlement du 12 mars 1776 malgré l'opposition de l'avocat général Séguier.

En août 1776, les corporations sont reconstituées et réorganisées, puis dans la célèbre nuit du 4 août 1789, l'Assemblée note sans discussion qu'il y a lieu de réformer les jurandes.

Enfin, le 15 février 1791, Dallarde, rapporteur du Comité des Contributions publiques, demande la suppression des corporations, suppression qui est notifiée aux intéressés par la loi des 2 et 17 mars 1791.

Fig. 198.
Armes des tailleurs de corps
à Beilstein.

Fig. 199.
Armes des tailleurs de corps
à Scheibs (1625)

Sous Louis-Philippe se produisent des symptômes très nets d'une réaction en faveur de l'idée corporative.

Et sous le règne de Napoléon III qui s'occupa beaucoup des ouvriers, se constituent de nombreux syndicats à la suite de l'abolition de la loi du 21 mars 1864 sur les coalitions. L'article premier de cette loi établit le principe de la liberté des associations professionnelles et l'article 6 dote ces associations de la personnalité civile.

Depuis, le mouvement syndical s'est accentué, et comme toutes les autres industries, celle du corset a compris qu'il était de son devoir et de son intérêt de ne pas rester en dehors de ce mouvement.

Aujourd'hui, la fabrication des corps est exclusivement réservée aux corsetières qui ont transformé fréquemment et transforment encore leurs modèles, les faisant chaque jour plus élégants, plus légers, plus conformes à l'hygiène. Les dirigeants des grandes maisons de corsets tiennent à donner le plus de satisfaction possible à leurs clientes; la lutte pour l'existence devenant de jour en jour plus âpre, ils savent que la clientèle appartient à ceux qui travaillent.

C'est pourquoi cette nécessité de l'effort quotidien et personnel, sans lequel il ne saurait y avoir de succès, a entraîné les corsetiers à s'unir pour défendre leurs intérêts communs. Patrons et patronnes ont, en sages, compris que la concurrence n'exclut pas la solidarité et, pour se trouver plus forts en s'appuyant les uns sur les autres, ils ont créé la Chambre Syndicale des Corsets et Fournitures, dont le premier président fut M. Notelle, elle doit beaucoup de sa prospérité à MM. Leprince père, Farcy, Oppenheim, placés successivement à sa tête. M. Leprince préside actuellement à ses destinées et parmi ses collaborateurs dévoués, je compte MM. Clapin, Despréaux, Delmotte, Lange-Porcherot, Libron, Savoye-Deglaire, etc., etc. et la Chambre syndicale des corsets sur mesure, de fondation trop récente pour que l'on puisse juger son œuvre, à la tête de laquelle fut placé M. Abadie-Léotard : M. Thomas la préside actuellement, il est aidé dans sa tâche de président par d'actifs syndiqués, parmi lesquels je relève les noms de MM. Léoty, Monin, Soleur-Delorme, Mmes Fourneret et Guilmard. Un projet de fédération des chambres du corset et des industries qui s'y rattachent a été proposé par M. Delmotte ; ce projet n'a pas encore abouti.

Mais les commerçants qui s'occupent de la fabrication des corsets ou des fournitures pour corsets n'ont pas seulement songé à défendre leurs intérêts personnels, ils ont pensé aussi à ceux de leurs employés dont voici le tarif des salaires qui n'a presque pas varié depuis une vingtaine d'années.

Salaires de Paris : ouvriers, de 5 fr. à 5 fr. 50, sauf pour les coupeurs, de 6 fr. à 8 fr. ; bâtisseuses de 3 fr. 50 à 4 fr. 50 ; éventailleuses, de 3 fr. à 4 fr. ; mécaniciennes, de 3 fr. 50 à 4 fr.

Salaires de province : bâtisseuses, de 2 fr. à 2 fr. 50 ; éventailleuses, de 2 fr. à 2 fr. 25, sauf pour les ouvrières de choix qui se payent presque toujours aux pièces ; mécaniciennes, de 2 fr. 50 à 3 fr.

Dans le numéro du journal *Les Dessous Elégants* du mois de février 1902, le directeur, M. G. Viterbo, écrivait : « Pour les ouvrières, la tâche devient chaque jour plus difficile et beaucoup s'usent les doigts sans parvenir seulement à joindre les deux bouts. La maternité attend les unes et la maladie est là qui guette les autres, sournoise, et défait tous les meilleurs projets que l'esprit inquiet élabore.

Les infirmités viennent après les désillusions de l'âge mûr, et combien se trouvent dépourvues malgré des tentatives courageuses, un labeur acharné rendu vain et stérile par des à-coups imprévus.

Quand j'ai fondé ce journal, je me suis mis en tête de servir les intérêts d'une corporation dont quelques éléments semblaient manquer de cohésion — simple effet d'optique, qu'une entente raisonnée rétablira bientôt — et je ne veux ni ne puis faillir à la tâche que je me suis imposée, tant me viennent de tous côtés les marques de sympathie et les encouragements.

Il n'est pas nécessaire ici de prôner les bienfaits de la mutualité en cas de maternité, de maladie ou de mortalité. Le siège est fait, et nul, à moins d'être d'insigne mauvaise foi, ne saurait nier l'importance de ces Sociétés professionnelles.

Les économistes les plus distingués, qui ont étudié la question de la dépopulation, ont en effet, établi deux moyens d'y remédier. Le premier, est d'encourager la maternité, cette fonction si noble pour laquelle la femme est créée, et le second d'enrayer la mortalité de l'enfance, en donnant aux mères le repos nécessaire pour l'allaitement des petits, ne serait-ce que pendant le premier mois.

Il nous semble que le corset en gros et en détail et les industries qui s'y rattachent comme le busc, la baleine, la corne, les fournitures et accessoires, employant approximativement plus de 15.000 employés, ouvriers et ouvrières rien que dans le département de la Seine pourraient trouver dans un désir de soulagement mutuel, un terrain d'entente.

La Société de secours des industries du Corset s'impose, qui nous la donnera ? »

A cet éloquent appel, la réponse vint immédiatement sous la forme de deux lettres chaleureuses, l'une de M. H. Leprince, président de la Chambre Syndicale des Corsets et Fournitures, l'autre de M. Abadie-Léotard, président de la Chambre Syndicale des Corsets sur Mesure, en voici les principaux passages :

« Je suis heureux, Monsieur le directeur, de vous annoncer, si vous ne le savez pas, que la prochaine séance de notre Chambre Syndicale sera consacrée à fixer les bases de cette *Corsetière* à laquelle vous voulez, dès à présent, prêter non seulement votre appui moral et la large publicité de notre journal, mais encore apporter votre précieux concours pécuniaire... » (13 février, H. Leprince.)

Il y a longtemps que plusieurs d'entre nous avons songé à la création d'une Société de secours mutuels parmi nos ouvrières et nos employés. Nous nous sommes souvent entretenus de cette idée et c'est parceque je connaissais le sentiment de tous nos collègues à ce sujet que j'en ai parlé à notre séance du 14 janvier dernier dans mon rapport des travaux de 1901. Je suis persuadé que la réunion des deux Chambres dans le but de cette bonne œuvre sera fertile en bons résultats (18 février 1902. M. Abadie-Léotard.)

Ces lettres n'étaient pas de vaines promesses car le mois de février n'était pas écoulé que déjà les deux Chambres Syndicales avaient nommé chacune de leur côté, un certain nombre de délégués qui formèrent par leur réunion la commission d'étude. Celle-ci était composée de MM. Abadie-Léotard, Bianchi père, Carcaut, Clapin, Delmotte, Desbruères, Godet, Legrain, Léoty, Leprince, Magnier, Monin, Torchebœuf et Yver-Barréïros.

La Commission d'étude travailla avec un tel zèle et une telle ardeur que, dès le 26 octobre 1902, M. Godet, président de ladite Commission, présentait un projet à une réunion plénière des deux Chambres Syndicales.

Enfin, à la date du 7 décembre 1902 avait lieu au Conservatoire national des Arts-et-Métiers l'assemblée générale constitutive. Le premier Conseil d'administration était nommé ; son bureau comprenait : MM. Godet, président ; Abadie-Léotard, Leprince, vice-présidents; Clapin, secrétaire ; Viterbo, secrétaire-adjoint ; Delmotte, trésorier ; Mme Barréïros, trésorière-adjointe.

Depuis le mois de mars 1903, la *Corsetière* fonctionne régulièrement, ses adhérents augmentent chaque jour ; il y avait près de 1.200 inscrits à la date du 30 juin 1903, moins de quatre mois après que fut lancée l'idée de ce groupement mutualiste. Quant aux patrons et aux donateurs qui se sont intéressés à la Société, lui prodiguant sans compter leur temps et leur argent, il faut dire à leur gloire que leurs noms emplissent plusieurs pages de l'annuaire de *La Corsetière*, œuvre généreuse qui assure aux adhérents les soins médicaux en cas de maladies, l'assistance pendant l'accouchement, la fourniture des produits pharmaceutiques ; des réductions importantes chez les dentistes, bandagistes, etc., et accorde, en plus, à ses adhérents une indemnité journalière en cas de chômage et une retraite.

La Corsetière, c'est comme les œuvres similaires, une

œuvre d'apaisement, de solidarité et d'union pour ceux dont une profession commune fait à des degrés différents des collaborateurs de la même œuvre pacifique et féconde.

« Si cette alliance du patron et de l'ouvrier ne suffit pas à tarir la source de l'éternelle souffrance humaine, si elle ne peut faire disparaître d'ici-bas ces misères : la maladie, la pauvreté, la vieillesse, elle aura du moins adouci l'amertume et atténué les douleurs car le malheureux ne sera plus seul en face du mal qui l'accable. Ceux dont il aura partagé les travaux, ceux au service desquels il aura consacré son intelligence et dépensé ses forces seront là pour lui tendre la main, le réconforter et le soutenir ; l'œuvre de paix alors sera bien près d'être accomplie, car la haine et l'envie ne peuvent habiter longtemps dans un cœur ou vient d'entrer cette consolatrice : l'Espérance. »

TABLE DES MATIÈRES

Imp. Centrale de la Bourse.
Alcan-Lévy, 117, rue Réaumur, Paris, 2ᵉ.

LIBRAIRIE MALOINE

25-27, RUE DE L'ÉCOLE-DE-MÉDECINE, PARIS.

AMBLARD, **Hygiène élémentaire publique et privée,** par le
Dr AMBLARD, ouvrage précédé d'une introduction par le prof.
E. BERTIN-SANS. in-18 cart. 1891, avec fig. . . . . . . 6 »

BARBAUD et LEFÈVRE. **La puberté chez la femme,** étude
physiologique, clinique et thérapeutique, in-8 1897 . . . 4 »

CABANÈS (D^r). **Curiosités de la médecine.** L'antiquité de la
chirurgie, de l'obstétrique, de la pharmacie. — Les curiosités
des régions, les curiosités du système nerveux, in-8, 1897. 4 »

DONNADIEU (D^r), **Pour lire en attendant bébé,** *Conseils aux
jeunes mères.* Préface du Dr BUDIN, in-18, 1903. . . . 2 50

GARNAULT, **Physiologie, hygiène et thérapeutique de la
voix parlée et chantée.** Hygiène et maladies du chanteur et
de l'orateur, in-12, cart. 1896, avec 82 fig. dans le texte. 5 »

GARNIER ET DELAMARE. **Dictionnaire des termes techniques de médecine,** *contenant les étymologies grecques et
latines, les noms des maladies, des opérations chirurgicales
et obstétricales, les symptômes cliniques, les lésions anatomiques, les termes de laboratoire, etc.* Préface de H. ROGER,
professeur agrégé, in-18, 1901, **reliure souple** 6 50

GÉLINEAU, **Hygiène de l'oreille et des sourds.** in-18, cart.
1897 . . . . 3 »

JOIRE (Dr Paul). **Précis théorique et pratique de neuro-
hypnologie, étude sur l'hypnotisme,** *et les différents phéno-
mènes nerveux, physiologiques et pathologiques qui s'y rattachent ; physiologie, pathologie, thérapeutique, médecine
légale ;* in-8, 1891. . . . . 4 »

LINARIX, **Sanatoria des Alpes françaises.** Guide pratique de
la Savoie et de la Haute-Savoie, in-18, 1895, reliure
souple. . . . . 6 »

LUTAUD (D^r), *pr fesseur libre de gynécologie, médecin adjoint
de Saint-Lazare.* **Manuel complet de gynécologie médicale
et chirurgicale ;** *nouvelle édition entièrement refondue, contenant la technique opératoire complète et 607 figures dans le
texte,* fort vol. in-8. Broché . . . . 20 »
Relié toile. . . . . 22 »

SURBBED. **Vie de jeune homme,** in-18, 1903. . . . . 3 »
—   **La vie à deux.** *Hygiène du mariage.* in-18
1901 . . . . 3 »

WEISS. **La femme, la mère, l'enfant.** *Guide à l'usage des
jeunes mères,* avec portraits des enfants de l'auteur et patrons,
in-18, cart. 1903. . . . . 2 50

WITKOWSKI. **Los seins dans l'histoire.** *Singularités recueil-
lies par le Dr Witkowski,* in-8, 1903, avec 254 figures . . 10 »

WITKOWSKI **Curiosités médicales, littéraires et artistiques sur les seins et l'allaitement,** ouvrage illustré de
figures, in-8, 1898 . . . . 10 »